毒物劇物試験問題集
〔九州・沖縄統一版〕

令和２(2020)年度版

序

毒物及び劇物取締法は、日常流通している有用な化学物質のうち、毒性の著しいものについて、化学物質そのものの毒性に応じて毒物又は劇物に指定し、製造業、輸入業、販売業について登録にかからしめ、毒物劇物取扱責任者を置いて管理させるとともに、保健衛生上の見地から所要の規制を行っています。

毒物劇物取扱責任者は、毒物劇物の製造業、輸入業、販売業及び届け出の必要な業務上取扱者において設置が義務づけられており、現場の実務責任者として十分な知識を有し保健衛生上の危害の防止のために必要な管理業務に当たることが期待されています。

毒物劇物取扱者試験は、毒物劇物取扱責任者の資格要件の一つとして、各都道府県の知事が概ね一年に一度実施するものであります。

本書は、九州・沖縄統一試験で実施された平成27年度～令和元年度における過去５年間分の試験問題を、試験の種別に編集し、解答・解説を付けたものであります。

特に本書の特色は法規・基礎化学・性状及び取扱・実地の項目に分けて問題と解答・解説を対応させて収録し、より使い易く、分かり易い編集しました。

毒物劇物取扱者試験の受験者は、本書をもとに勉学に励み、毒物劇物に関する知識を一層深めて試験に臨み、合格されるとともに、毒物劇物に関する危害の防止についてその知識をいかんなく発揮され、ひいては、化学物質の安全の確保と産業の発展に貢献されることを願っています。

なお、本書における問題の出典先は、九州〔福岡県、佐賀県、長崎県、大分県、宮崎県、熊本県、鹿児島県〕・沖縄県。また、解答・解説については、この書籍を発行するに当たった編著により作成しております。従いまして、本書における不明な点等がある場合は、弊社へ直接メールでお問い合わせいただきますようお願い申し上げます。(お電話でのお問い合わせは、ご容赦いただきますようお願い申し上げます。)

最後にこの場をかりて試験問題の情報提供等にご協力いただいた九州〔福岡県、佐賀県、長崎県、大分県、宮崎県、熊本県、鹿児島県〕・沖縄県の担当の方へ深く謝意を申し上げます。

２０２０年2月

目　次

〔問題編〕　〔解答編〕

〔筆記・法規編〕　〔解答・解説編〕

〔筆記・基礎化学編〕　〔解答・解説編〕

〔筆記・性質・貯蔵・取扱編〕　〔解答・解説編〕

〔実地編〕　〔解答・解説編〕

筆　記　編

〔法規、基礎化学、
性質・貯蔵・取扱〕

〔法規編〕

【平成 27 年度実施】

（一般・農業用品目・特定品目共通）

※　法規に関する以下の設問中、毒物及び劇物取締法を「法律」、毒物及び劇物取締法施行令を「政令」、毒物及び劇物取締法施行規則を「省令」とそれぞれ略称する。また、「都道府県知事」とあるのは、その店舗の所在地が地域保健法第５条第１項の政令で定める市（保健所を設置する市）又は特別区の区域にある場合においては、「市長」又は「区長」とする。

問　1　以下の記述は、法律第１条の条文である。（　）の中に入れるべき字句の正しい組み合わせを下から一つ選びなさい。

法律第１条
　この法律は、毒物及び劇物について、（　ア　）上の見地から必要な（　イ　）を行うことを目的とする。

	ア	イ
1	保健衛生	取締
2	保健衛生	規制
3	公衆衛生	取締
4	公衆衛生	規制

問　2　以下の記述は、法律第２条第１項の条文である。（　）の中に入れるべき字句の正しい組み合わせを下から一つ選びなさい。

法律第２条第１項
　この法律で「毒物」とは、別表第１に掲げる物であつて、（　ア　）及び（　イ　）以外のものをいう。

	ア	イ
1	劇薬	農薬
2	劇薬	医薬部外品
3	医薬品	農薬
4	医薬品	医薬部外品

問　3　以下の物質のうち、「毒物」に該当するものを一つ選びなさい。

1　アンモニア　　2　ぎ酸　　3　黄燐（りん）　　4　エタノール

問　4　以下の物質のうち、「劇物」に該当するものを一つ選びなさい。

1　水銀　　2　赤燐（りん）　　3　メタノール　　4　四アルキル鉛

問　5　以下の物質のうち、「特定毒物」に該当するものを一つ選びなさい。

1　モノフルオール酢酸　　2　シアン化水素
3　セレン　　4　砒（ひ）素

問　6　以下の記述は、法律第３条の条文の一部である。（　）の中に入れるべき字句の正しい組み合わせを下から一つ選びなさい。なお、同じ記号の（　）内には同じ字句が入ります。

毒物又は劇物の販売業の登録を受けた者でなければ、毒物又は劇物を販売し、（　ア　）し、又は販売若しくは（　ア　）の目的で貯蔵し、運搬し、若しくは（　イ　）してはならない。

	ア	イ
1	授与	陳列
2	使用	陳列
3	授与	製造
4	使用	製造

問　7　以下の記述は、政令第17条の条文の一部である。（　）の中に入れるべき字句を下から一つ選びなさい。

法第３条の２第９項の規定により、ジメチルエチルメルカプトエチルチオホスフエイトを含有する製剤の着色及び表示の基準を次のように定める。
一　（　）に着色されていること。

1　紅色　　2　青色　　3　黄色　　4　黒色

問　8　以下のうち、法律第３条の３及び政令第32条の２の規定により、興奮、幻覚又は麻酔の作用を有する毒物又は劇物（これらを含有する物を含む。）であって、みだりに摂取し、若しくは吸入し、又はこれらの目的で所持してはならないと定められているものの組み合わせを下から一つ選びなさい。

ア クロロホルム　　イ メチルエチルケトン
ウ メタノールを含有するシンナー　　エ トルエン

1（ア、イ）　2（ア、ウ）　3（イ、エ）　4（ウ、エ）

問　9　以下のうち、法律第３条の４及び政令第32条の３の規定により、引火性、発火性又は爆発性のある毒物又は劇物であって、業務その他正当な理由による場合を除いては、所持してはならないと定められているものの組み合わせを下から一つ選びなさい。

ア ナトリウム　　イ 塩酸
ウ 亜塩素酸ナトリウム　　エ 硫酸

1（ア、イ）　2（ア、ウ）　3（イ、エ）　4（ウ、エ）

問　10　毒物又は劇物の販売業の登録に関する以下の記述のうち、誤っているものを一つ選びなさい。

1　毒物又は劇物の販売業の登録は、店舗ごとに受けなければならない。
2　毒物又は劇物の販売業の登録を受けようとする者は、店舗の所在地の都道府県知事に申請書を出さなければならない。
3　毒物又は劇物の販売業の登録は６年ごとに更新を受けなければ、その効力を失う。
4　特定品目販売業の登録を受けた者でなければ、特定毒物を販売してはならない。

問　11　以下の記述のうち、省令第４条の４の規定により、毒物又は劇物の輸入業の営業所及び販売業の店舗の設備基準として、該当しないものを一つ選びなさい。

1　毒物又は劇物とその他の物とを区分して貯蔵できるものであること。
2　毒物又は劇物を陳列する場所にかぎをかける設備があること。
3　毒物又は劇物を貯蔵する場所が性質上、かぎをかけることができないものであるときは、その周囲に、堅固なさくが設けてあること。
4　毒物又は劇物を含有する粉じん、蒸気又は廃水の処理に要する設備又は器具を備えていること。

問　12　毒物劇物取扱責任者に関する以下の記述のうち、正しいものを一つ選びなさい。

1　18 歳の者は、毒物劇物取扱者試験に合格していても、毒物劇物取扱責任者になることはできない。
2　毒物劇物販売業者は、毒物劇物取扱責任者を置いたときには、15 日以内に、その毒物劇物取扱責任者の氏名を、その店舗の所在地の都道府県知事に届け出なければならない。
3　道路交通法違反で罰金以上の刑に処せられ、その執行を終わり、３年を経過していない者は毒物劇物取扱責任者になることはできない。
4　毒物又は劇物の製造業者が、販売業を併せ営む場合において、その製造所と店舗が互いに隣接しているとき、毒物劇物取扱責任者はこれらの施設を通じて１人で足りる。

問　13　以下の記述のうち、法律第 10 条の規定により、毒物劇物営業者が 30 日以内に届け出なければならない場合として、誤っているものを一つ選びなさい。

1　申請者の氏名又は住所（法人にあっては、その名称又は主たる事務所の所在地）を変更したとき。
2　毒物又は劇物を製造し、貯蔵し、又は運搬する設備の重要な部分を変更したとき。
3　毒物劇物販売業者が販売する毒物又は劇物の品目を廃止したとき。
4　当該製造所、営業所又は店舗における営業を廃止したとき。

問　14　毒物又は劇物の取扱に関する以下の記述のうち、誤っているものを一つ選びなさい。

1　毒物劇物営業者は、毒物又は劇物が盗難にあい、又は紛失することを防ぐのに必要な措置を講じなければならない。
2　毒物劇物営業者は、省令で定める劇物については、その容器として、飲食物の容器として通常使用される物を使用することができる。
3　毒物劇物営業者は、毒物又は劇物をその製造所、営業所又は店舗の外に飛散し、漏れ、流れ出、若しくはしみ出、又はこれらの施設の地下にしみ込むことを防ぐのに必要な措置を講じなければならない。
4　毒物劇物営業者は、その製造所、営業所又は店舗の外において毒物又は劇物を運搬する場合には、これらの物が飛散し、漏れ、流れ出、又はしみ出ることを防ぐのに必要な措置を講じなければならない。

問　15　以下の記述は、法律第 12 条第１項の条文である。（　）の中に入れるべき字句の正しい組み合わせを下から一つ選びなさい。

法律第 12 条第１項
　毒物劇物営業者及び特定毒物研究者は、毒物又は劇物の容器及び被包に、「（　ア　）」の文字及び毒物については（　イ　）をもつて「毒物」の文字、劇物については（　ウ　）をもつて「劇物」の文字を表示しなければならない。

	ア	イ	ウ
1	医薬用外	白地に赤色	赤地に白色
2	工業用	白地に赤色	赤地に白色
3	医薬用外	赤地に白色	白地に赤色
4	工業用	赤地に白色	白地に赤色

問 16 以下のうち、法律第 12 条第 2 項の規定により、毒物劇物営業者が毒物又は劇物を販売するためにその容器及び被包に表示しなければならない事項について、正しいものを一つ選びなさい。

1 毒物又は劇物の化学構造式
2 毒物又は劇物の成分及びその含量
3 毒物又は劇物の製造番号
4 毒物又は劇物の使用期限

問 17 表示に関する以下の記述について、（ ）の中に入れるべき字句を下から一つ選びなさい。

毒物劇物営業者が有機燐（りん）化合物及びこれを含有する製剤たる毒物及び劇物を販売する際に、容器及び被包に表示しなければならない（ ）の名称は、2－ピリジルアルドキシムメチオダイド（別名 PAM）の製剤及び硫酸アトロピンの製剤である。

1 消火剤　2 解毒剤　3 可燃剤　4 分解促進剤

問 18 以下の劇物のうち、法律第 13 条及び政令第 39 条の規定により、着色したものでなければ農業用として販売し、又は授与してはならない劇物として、正しいものの組み合わせを下から一つ選びなさい。

ア 燐（りん）化亜鉛を含有する製剤たる劇物
イ 硫酸タリウムを含有する製剤たる劇物
ウ 塩素酸塩類を含有する製剤たる劇物
エ 硫酸を含有する製剤たる劇物

1（ア、イ）　2（ア、エ）　3（イ、ウ）　4（ウ、エ）

問 19 以下のうち、法律第 14 条第 1 項の規定により、毒物劇物営業者が毒物又は劇物を他の毒物劇物営業者に販売し、又は授与したときに、その都度、書面に記載しなければならない事項として、該当しないものを一つ選びなさい。

1 毒物又は劇物の名称及び数量
2 毒物又は劇物の製造番号
3 販売又は授与の年月日
4 譲受人の氏名、職業及び住所（法人にあっては、その名称及び主たる事務所の所在地）

問 20 以下のうち、法律第 15 条及び政令第 32 条の 3 の規定により、毒物劇物営業者が交付を受ける者の氏名及び住所を確認しなければ、交付してはならないと定められているものを一つ選びなさい。

1 酢酸エチル
2 ピクリン酸
3 クロルピクリン
4 水酸化ナトリウム

問　21　以下の記述は、毒物又は劇物の廃棄の方法に関する政令第40条の条文の一部である。（　）の中に入れるべき字句の正しい組み合わせを下から一つ選びなさい。

一　（　ア　）、加水分解、酸化、還元、稀釈その他の方法により、毒物及び劇物並びに法第 11 条第２項に規定する政令で定める物のいずれにも該当しない物とすること。
二　ガス体又は揮発性の毒物又は劇物は、保健衛生上危害を生ずるおそれがない場所で、少量ずつ放出し、又は揮発させること。
三　可燃性の毒物又は劇物は、保健衛生上危害を生ずるおそれがない場所で、少量ずつ（　イ　）させること。
四　前各号により難い場合には、地下（　ウ　）以上で、かつ、地下水を汚染するおそれがない地中に確実に埋め、海面上に引き上げられ、若しくは浮き上がるおそれがない方法で海水中に沈め、又は保健衛生上危害を生ずるおそれがないその他の方法で処理すること。

	ア	イ	ウ
1	中和	蒸発	50センチメートル
2	中和	燃焼	１メートル
3	濃縮	燃焼	50センチメートル
4	濃縮	蒸発	１メートル

問　22　以下の記述のうち、劇物である硫酸を、車両を用いて１回につき 8,000kg 運搬する方法として、正しいものを一つ選びなさい。

1　車両に掲げる標識は0.5㎡でなければならない。
2　車両に掲げる標識は白地に黒色で「劇」の文字を表示しなければならない。
3　１日あたりの運転時間が 10 時間の場合は、運転者のほか交替して運転する者を乗せる必要はない。
4　車両には、防毒マスク、ゴム手袋その他事故の際に応急の措置を講ずるために必要な保護具で省令で定めるものを２人分以上備えなければならない。

問　23　以下のうち、政令第40条の９及び省令第13条の12の規定により、毒物劇物営業者が毒物又は劇物を販売し、又は授与する時までに、譲受人に対し提供しなければならない情報として、該当しないものを一つ選びなさい。

1　毒物劇物取扱責任者の氏名
2　安定性及び反応性
3　漏出時の措置
4　暴露の防止及び保護のための措置

問　24　以下の記述は、法律第16条の２第１項の条文である。（　）の中に入れるべき字句の正しい組み合わせを下から一つ選びなさい。

法律第16条の２第１項
　毒物劇物営業者及び特定毒物研究者は、その取扱いに係る毒物若しくは劇物又は第 11 条第２項に規定する政令で定める物が飛散し、漏れ、流れ出、しみ出、又は地下にしみ込んだ場合において、不特定又は多数の者について保健衛生上の危害が生ずるおそれがあるときは、直ちに、その旨を（　ア　）、（　イ　）又は消防機関に届け出るとともに、保健衛生上の危害を防止するために必要な応急の措置を講じなければならない。

	ア	イ
1	医療機関	警察署
2	医療機関	労働基準監督署
3	保健所	警察署
4	保健所	労働基準監督署

問 25 以下の記述は、法律第17条第2項の条文である。（　）の中に入れるべき字句の正しい組み合わせを下から一つ選びなさい。

法律第17条第2項

（ ア ）は、保健衛生上必要があると認めるときは、毒物又は劇物の販売業者又は特定毒物研究者から必要な報告を徴し、又は薬事監視員のうちからあらかじめ指定する者に、これらの者の店舗、研究所その他業務上毒物若しくは劇物を取り扱う場所に立ち入り、帳簿その他の物件を（ イ ）させ、関係者に質問させ、試験のため必要な最小限度の分量に限り、毒物、劇物、第11条第2項に規定する政令で定める物若しくはその疑いのある物を（ ウ ）させることができる。

	ア	イ	ウ
1	厚生労働大臣	捜査	収去
2	都道府県知事	検査	収去
3	厚生労働大臣	検査	調査
4	都道府県知事	捜査	調査

【平成28年度実施】

（一般・農業用品目・特定品目共通）

※　法規に関する以下の設問中、毒物及び劇物取締法を「法律」、毒物及び劇物取締法施行令を「政令」、毒物及び劇物取締法施行規則を「省令」とそれぞれ略称する。また、「都道府県知事」とあるのは、その店舗の所在地が地域保健法第５条第１項の政令で定める市（保健所を設置する市）又は特別区の区域にある場合においては、市長又は区長とする。

問　1　以下のうち、法律第１条の規定により、法律の目的を示した記述として、正しいものを一つ選びなさい。

1　毒物及び劇物の使用による保健衛生上の危害の発生及び拡大の防止のために必要な規制を行うことにより、保健衛生の向上を図る。
2　毒物及び劇物について、保健衛生上の見地から必要な取締を行う。
3　毒物及び劇物の管理を適正かつ合理的ならしめることにより、公衆衛生の向上と生活環境の改善に寄与する。
4　毒物及び劇物の安全の確保及び管理に関し必要な事項を定めること等により、国民の健康の保持に寄与する。

問　2　以下の記述は、法律第２条の条文の一部である。（　　）の中に入れるべき字句を下から一つ選びなさい。

この法律で「劇物」とは、別表第二に掲げる物であつて、（　　）以外のものをいう。

1　毒物　　2　農薬　　3　医薬品及び医薬部外品　　4　食品及び食品添加物

問　3　以下の物質のうち、「毒物」に該当するものを一つ選びなさい。

1　ピロカテコール
2　２－メチリデンブタン二酸（別名　メチレンコハク酸）
3　２・３－ジブロモプロパン－１－オール
4　ヘキサキス（β，β－ジメチルフェネチル）ジスタンノキサン
（別名　酸化フェンブタスズ）

問　4　以下のうち、「劇物」に該当するものを一つ選びなさい。

1　２－（ジエチルアミノ）エタノールを１％含有する製剤
2　エタノールを 80 ％含有する製剤
3　イソプロピルアルコールを 50 ％含有する製剤
4　メタノールを 50 ％含有する製剤

問　5　以下の物質の毒物又は劇物の分類について、正しい組み合わせを下から一つ選びなさい。

ア 硫酸　　イ セレン　　ウ 水酸化ナトリウム　　エ アクリルニトリル

	ア	イ	ウ	エ
1	毒物	毒物	劇物	毒物
2	毒物	劇物	劇物	劇物
3	劇物	毒物	劇物	劇物
4	劇物	劇物	毒物	毒物

問　6　以下のうち、法律第３条の規定により、毒物又は劇物の販売業の登録を受けた者が行うことができる事柄として、誤っているものを一つ選びなさい。

1　毒物又は劇物を販売するために貯蔵すること。
2　特定毒物を販売するために貯蔵すること。
3　毒物又は劇物を販売するために輸入すること。
4　毒物又は劇物を販売するために運搬すること。

問　7　法律第３条の２の規定による、特定毒物研究者に関する以下の記述の正誤について、正しい組み合わせを下から一つ選びなさい。

ア　特定毒物研究者は、特定毒物を製造することができる。
イ　特定毒物研究者は、特定毒物を輸入することができる。
ウ　特定毒物研究者は、特定毒物を使用することができる。
エ　特定毒物研究者は、特定毒物を所持することができる。

	ア	イ	ウ	エ
1	正	正	正	正
2	正	誤	誤	正
3	誤	正	正	正
4	誤	誤	正	誤

問　8　以下のうち、法律第３条の２第９項及び政令第２条の規定により、四アルキル鉛を含有する製剤に着色すべき色として、誤っているものを一つ選びなさい。

1　赤色　　2　青色　　3　黄色　　4　黒色

問　9　以下のうち、法律第３条の３及び政令第32条の２の規定により、興奮、幻覚又は麻酔の作用を有する毒物又は劇物（これらを含有する物を含む。）であって、みだりに摂取し、若しくは吸入し、又はこれらの目的で所持してはならないと定められているものの組み合わせを下から一つ選びなさい。

ア　トルエン　　　　イ　酢酸エチルを含有するシンナー
ウ　フェノール　　　エ　キシレンを含有する塗料

1（ア、イ）　2（ア、ウ）　3（イ、エ）　4（ウ、エ）

問　10　毒物劇物営業者の登録及び特定毒物研究者の許可に関する以下の記述の正誤について、正しい組み合わせを下から一つ選びなさい。

ア　毒物又は劇物の輸入業の登録は、３年ごとに更新を受けなければ、その効力を失う。
イ　毒物又は劇物の販売業の登録は、４年ごとに更新を受けなければ、その効力を失う。
ウ　毒物又は劇物の製造業の登録は、５年ごとに更新を受けなければ、その効力を失う。
エ　特定毒物研究者の許可は、６年ごとに更新を受けなければ、その効力を失う。

	ア	イ	ウ	エ
1	正	正	正	誤
2	正	誤	誤	正
3	誤	正	誤	正
4	誤	誤	正	誤

問 11 以下のうち、法律第4条の3及び第8条の規定により、毒物劇物営業者及び毒物劇物取扱責任者に関する記述について、正しいものを一つ選びなさい。

1 農業用品目販売業の登録を受けた者は、すべての毒物又は劇物を販売することができる。
2 特定品目毒物劇物取扱者試験に合格した者は、特定品目として省令で定める毒物又は劇物のみを取り扱う輸入業の営業所において、毒物劇物取扱責任者となることができない。
3 農業用品目毒物劇物取扱者試験に合格した者は、特定品目販売業の店舗において、毒物劇物取扱責任者となることができる。
4 一般毒物劇物取扱者試験に合格した者は、農業用品目販売業の店舗において、毒物劇物取扱責任者となることができる。

問 12 省令第4条の4で定める毒物又は劇物の製造所の設備の基準に関する以下の記述の正誤について、正しい組み合わせを下から一つ選びなさい。

ア 毒物又は劇物の製造作業を行う場所は、毒物又は劇物を含有する粉じん、蒸気又は廃水の処理に要する設備又は器具を備えていること。
イ 毒物又は劇物の貯蔵設備は、毒物又は劇物とその他の物とを区分して貯蔵できるものであること。
ウ 毒物又は劇物の運搬用具は、毒物又は劇物が飛散し、漏れ、又はしみ出るおそれがないものであること。
エ 毒物又は劇物を陳列する場所にかぎをかける設備があること。

	ア	イ	ウ	エ
1	正	正	正	正
2	正	誤	正	正
3	誤	正	誤	正
4	誤	誤	正	誤

問 13 毒物劇物取扱責任者に関する以下の記述のうち、<u>誤っているもの</u>を一つ選びなさい。

1 毒物劇物取扱者試験に合格した16歳の者は、毒物劇物取扱責任者になることができない。
2 毒物劇物取扱者試験に合格した18歳の者は、毒物劇物取扱責任者になることができる。
3 病院で麻薬の中毒者と診断され、現在治療中の者は、毒物劇物取扱責任者になることができない。
4 薬剤師であって、毒物又は劇物に関する業務に1年以上従事していない者は、毒物劇物取扱責任者になることはできない。

問 14 以下のうち、法律第10条の規定により、毒物又は劇物の販売業者が30日以内に届け出なければならない事項として、正しいものの組み合わせを下から一つ選びなさい。

ア 毒物又は劇物の販売する品目を変更したこと。
イ 毒物又は劇物を廃棄したこと。
ウ 店舗における営業を廃止したこと。
エ 店舗の名称を変更したこと。

1（ア、イ）　2（ア、ウ）　3（イ、エ）　4（ウ、エ）

問 15 以下のうち、法律第11条及び第12条の規定により、毒物劇物営業者が行わなければならないこととして、<u>誤っているもの</u>を一つ選びなさい。

1 毒物又は劇物の販売業者は、毒物又は劇物が店舗の外に飛散したり、漏れることを防ぐのに必要な措置を講じなければならない。
2 毒物又は劇物の輸入業者は、毒物又は劇物を運搬する場合には、毒物又は劇物が飛散したり、漏れることを防ぐのに必要な措置を講じなければならない。

3 毒物又は劇物の販売業者は、毒物又は劇物が盗難にあうことを防ぐのに必要な措置を講じなければならない。

4 毒物又は劇物の販売業者は、劇物を貯蔵する場所には「医薬用外」及び「劇物」の文字を表示する必要はないが、陳列する場所には表示しなければならない。

問 16 劇物の容器に関する以下の記述について、（　　）の中に入れるべき字句を下から一つ選びなさい。

毒物劇物営業者は法律第 11 条第４項の規定により、省令で定める劇物の容器については、飲食物の容器として通常使用される物を使用してはならない。この省令で定める劇物は、省令第 11 条の４の規定により、（　　）とされている。

1 すべての劇物　2 刺激臭のある劇物　3 発煙性のある劇物
4 麻酔作用のある劇物

問 17 表示に関する以下の記述について、（　　）の中に入れるべき字句の正しい組み合わせを下から一つ選びなさい。

毒物又は劇物の製造業者は、毒物の容器及び被包に、「医薬用外」の文字及び（ ア ）地に（ イ ）色をもって「毒物」の文字を表示しなければならない。

	ア	イ
1	黒	白
2	白	赤
3	赤	白
4	白	黒

問 18 以下のうち、法律第 14 条の規定により、毒物又は劇物の販売業者が、毒物劇物営業者以外の者に劇物を販売するときに、譲受人から提出を受けなければならない書面について、この書面に記載されていなければならない事項として、該当しないものを一つ選びなさい。

1 劇物の名称及び数量　2 販売年月日　3 譲受人の生年月日
4 譲受人の氏名及び職業

問 19 以下のうち、法律第 14 条の規定により、毒物又は劇物の販売業者が、毒物劇物営業者以外の者に劇物を販売するときに、譲受人から提出を受ける書面の保存期間として、正しいものを一つ選びなさい。

1 販売の日から１年間　2 販売の日から３年間
3 販売の日から５年間　4 販売の日から 10 年間

問 20 以下のうち、政令第 30 条の規定により、燐（りん）化アルミニウムとその分解促進剤とを含有する製剤を使用して倉庫内、コンテナ内又は船倉内のねずみ、昆（こん）虫等を駆除するための燻（くん）蒸作業を行う場合の基準として、誤っているものを一つ選びなさい。

1 倉庫内の燻（くん）蒸作業では、燻（くん）蒸中は、当該倉庫のとびら、通風口等を閉鎖しなければならない。

2 コンテナ内の燻（くん）蒸作業は、都道府県知事が指定した場所で行わなければならない。

3 コンテナ内の燻蒸作業では、燻（くん）蒸中であってもコンテナを移動させることができるが、燐（りん）化水素が当該コンテナの外部に漏れることのないよう措置を行わなければならない。

4 船倉内の燻（くん）蒸作業では、燻（くん）蒸中、当該船倉のとびら及びその付近の見やすい場所に、当該船倉内に立ち入ることが著しく危険である旨を表示しなければならない。

問　21　以下のうち、毒物又は劇物の運搬における技術上の基準について、誤っているものを一つ選びなさい。

1　無機シアン化合物を運搬する場合は、毒物劇物取扱責任者がその運搬車両に同乗しなければならない。
2　四アルキル鉛を含有する製剤をドラム缶で運搬する場合は、ドラム缶が積み重ねられていてはならない。
3　四アルキル鉛を含有する製剤をドラム缶で運搬する場合は、ドラム缶内に10％以上の空間を残さなければならない。
4　弗(ふっ)化水素を50％含有する製剤を内容積が1,000 L以上の容器に収納して運搬する場合は、その容器の内面がポリエチレンその他の腐食され難い物質で被覆されていなければならない。

問　22　以下の記述は、クロルピクリンを車両を使用して1回につき5,000kg運搬する場合に、当該車両に備えなければならない省令で定める保護具を示したものである。（　）の中に入れるべき字句を下から一つ選びなさい。

保護手袋、保護長ぐつ、保護衣、（　）

1　有機ガス用防毒マスク　　2　酸性ガス用防毒マスク
3　青酸用防毒マスク　　4　アンモニア用防毒マスク

問　23　以下のうち、政令第40条の6及び省令第13条の7の規定により、1回の運搬につき、1,000kg を超えて毒物又は劇物を車両で運搬する業務を委託する際に、その荷送人が、運送人に対し、あらかじめ交付しなければならない書面の内容について、該当しないものを一つ選びなさい。

1　事故の際に講じなければならない応急の措置の内容
2　毒物又は劇物の名称、成分及びその含量
3　毒物又は劇物の数量
4　荷送人の氏名及び住所

問　24　以下のうち、法律第22条第1項の規定により、業務上取扱者として届け出なければならない者として、正しいものを一つ選びなさい。

1　電気めっきを行う事業者であって、その業務上、無水クロム酸を取り扱う者
2　電気めっきを行う事業者であって、その業務上、硫酸ニッケルを取り扱う者
3　金属熱処理を行う事業者であって、その業務上、シアン化カリウムを取り扱う者
4　しろあり防除を行う事業者であって、その業務上、クロチアニジンを取り扱う者

問　25　以下の記述は、法律第24条の2の条文である。（　）の中に入れるべき字句を下から一つ選びなさい。なお、2か所の（　）内にはどちらも同じ字句が入ります。

法律第24条の2
　次の各号のいずれかに該当する者は、2年以下の懲役若しくは100万円以下の罰金に処し、又はこれを併科する。
一　みだりに摂取し、若しくは吸入し、又はこれらの目的で（　）第3条の3に規定する政令で定める物を販売し、又は授与した者
二　業務その他正当な理由によることなく（　）第3条の4に規定する政令で定める物を販売し、又は授与した者
三　第22条第6項の規定による命令に違反した者

1　所持することの情を記録せず　　2　所持することの情を知らず
3　所持することの情を知つて　　4　所持することの情を確認せず

【平成29年度実施】

（一般・農業用品目・特定品目共通）

※　法規に関する以下の設問中、毒物及び劇物取締法を「法律」、毒物及び劇物取締法施行令を「政令」、毒物及び劇物取締法施行規則を「省令」とそれぞれ略称する。また、「都道府県知事」とあるのは、その店舗の所在地が地域保健法第５条第１項の政令で定める市（保健所を設置する市）又は特別区の区域にある場合においては、市長又は区長とする。

問 1　以下の記述は、法律第１条及び第２条の条文の一部である。（ ）の中に入れるべき字句の正しい組み合わせを下から一つ選びなさい。

法律第１条
　この法律は、毒物及び劇物について、（ ア ）上の見地から必要な（ イ ）を行うことを目的とする。

法律第２条
　この法律で「毒物」とは、別表第一に掲げる物であつて、医薬品及び（ ウ ）以外のものをいう。

	ア	イ	ウ
1	保健衛生	指導	農薬
2	公衆衛生	指導	医薬部外品
3	保健衛生	取締	医薬部外品
4	公衆衛生	取締	農薬

問 2　以下の物質のうち、「劇物」に該当するものの組み合わせを下から一つ選びなさい。

ア トルイジン　　イ ニコチン　　ウ カリウム　　エ 弗(ふっ)化水素

1（ア、ウ）　2（ア、エ）　3（イ、ウ）　4（イ、エ）

問 3　以下のうち、法律第３条の３及び政令第32条の２の規定により、興奮、幻覚又は麻酔の作用を有する毒物又は劇物（これらを含有する物を含む。）として定められているものを一つ選びなさい。

1 アセトン　　2 トルエン　　3 ピクリン酸　　4 亜塩素酸ナトリウム

問 4　法律第３条の２及び法律第４条に関する以下の記述のうち、正しいものを一つ選びなさい。

1 毒物又は劇物の販売業の登録を受けようとする者は、法人ごとに、その法人の所在地の都道府県知事に申請書を出さなければならない。
2 毒物又は劇物の製造業又は輸入業の登録は、６年ごとに更新を受けなければ、その効力を失う。
3 特定毒物研究者は、特定毒物を学術研究以外の用途に供することができる。
4 毒物劇物営業者又は特定毒物研究者は、特定毒物使用者に対し、その者が使用することができる特定毒物以外の特定毒物を譲り渡してはならない。

問 5 法律第 10 条及び省令第 10 条の２の規定により、毒物劇物営業者が届け出なければならない場合に関する以下の記述の正誤について、正しい組み合わせを下から一つ選びなさい。

ア 製造所、営業所又は店舗の名称を変更したとき。
イ 毒物又は劇物を製造し、貯蔵し、又は運搬する設備の重要な部分を変更したとき。
ウ 登録に係る毒物又は劇物の品目(当該品目の製造又は輸入を廃止した場合に限る。)を変更したとき。
エ 製造所、営業所又は店舗における営業を廃止したとき。

	ア	イ	ウ	エ
1	正	正	正	正
2	正	誤	誤	正
3	誤	正	正	正
4	誤	誤	正	誤

問 6 特定毒物研究者による毒物又は劇物の取扱いに関する以下の記述のうち、誤っているものを一つ選びなさい。

1 毒物又は劇物が盗難にあい、又は紛失することを防ぐのに必要な措置を講じなければならない。
2 毒物若しくは劇物又は毒物若しくは劇物を含有する物であって政令で定めるものが、その研究所の外に飛散し、漏れ、流れ出、若しくはしみ出、又は施設の地下にしみ込むことを防ぐのに必要な措置を講じなければならない。
3 研究所の外において毒物又は劇物を運搬する場合には、これらの物が飛散し、漏れ、流れ出、又はしみ出ることを防ぐのに必要な措置を講じなければならない。
4 省令で定める劇物については、その容器として、飲食物の容器として通常使用される物を使用することができる。

問 7 以下のうち、政令第 40 条の規定により、毒物及び劇物の廃棄の方法として、正しいものを一つ選びなさい。

1 中和、加水分解、酸化、還元、稀釈その他の方法により、毒物及び劇物並びに法第 11 条第２項に規定する政令で定める物のいずれにも該当しない物とする。
2 可燃性の毒物又は劇物は、保健衛生上危害を生じるおそれがない場所であっても、燃焼させることはできない。
3 ガス体又は揮発性の毒物又は劇物は、保健衛生上危害を生じるおそれがない場所であっても、放出し、又は揮発させることはできない。
4 地下 0.5 メートル以上で、かつ、地下水を汚染するおそれがない地中に確実に埋め、海面上に引き上げられ、若しくは浮き上がるおそれがない方法で海水中に沈め、又は保健衛生上危害を生じるおそれがないその他の方法で処理すること。

問 8 以下のうち、法律第 12 条第１項の規定により、毒物及び劇物の容器への表示として、正しいものを一つ選びなさい。

1 劇物については、「医薬用外」の文字及び赤地に白色で「劇物」の文字
2 劇物については、「医薬用外」の文字及び白地に赤色で「劇物」の文字
3 毒物については、「医薬用外」の文字及び黒地に白色で「毒物」の文字
4 毒物については、「医薬用外」の文字及び白地に黒色で「毒物」の文字

問　9　毒物又は劇物の表示に関する以下の記述のうち、正しいものの組み合わせを下から一つ選びなさい。

ア　毒物劇物営業者は、劇物の名称を容器及び被包に表示することにより、その成分を表示することなく販売することができる。
イ　毒物劇物営業者は、すべての毒物について、解毒剤の名称をその容器及び被包に表示しなければ販売してはならない。
ウ　劇物の販売業者は、劇物の直接の容器又は直接の被包を開いて販売するときは、その氏名及び住所(法人にあっては、その名称及び主たる事務所の所在地)並びに毒物劇物取扱責任者の氏名を、その容器及び被包に、表示しなければ販売してはならない。
エ　毒物の製造業者は、その製造した毒物を販売するときは、その氏名及び住所(法人にあっては、その名称及び主たる事務所の所在地)を、その容器及び被包に、表示しなければ販売してはならない。

1(ア、イ)　2(ア、エ)　3(イ、ウ)　4(ウ、エ)

問　10　以下のうち、毒物劇物営業者が省令で定める方法により着色したものでなければ、これを農業用として販売し、又は授与してはならない毒物又は劇物として、正しいものの組み合わせを下から一つ選びなさい。

ア　燐(りん)化アルミニウムとその分解促進剤とを含有する製剤たる毒物
イ　燐(りん)化亜鉛を含有する製剤たる劇物
ウ　硫酸タリウムを含有する製剤たる劇物
エ　硫酸ニコチンを含有する製剤たる毒物

1(ア、イ)　2(ア、エ)　3(イ、ウ)　4(ウ、エ)

問　11　毒物又は劇物の譲渡手続きに関する以下の記述について、(　　)の中に入れるべき字句の正しい組み合わせを下から一つ選びなさい。

毒物劇物営業者は、譲受人から、毒物又は劇物の名称及び(　ア　)、販売又は授与の年月日並びに譲受人の氏名、(　イ　)及び住所(法人にあっては、その名称及び主たる事務所の所在地)を記載し、譲受人が押印した書面の提出を受けなければ、毒物又は劇物を毒物劇物営業者以外の者に販売し、又は授与してはならない。

	ア	イ
1	使用目的	年齢
2	使用目的	職業
3	数量	職業
4	数量	年齢

問　12　毒物又は劇物の販売時の情報提供に関する以下の記述のうち、正しいものを一つ選びなさい。

1　毒物劇物営業者は、毒物又は劇物の譲受人に対し、既に当該毒物又は劇物の性状及び取扱いに関する情報を提供していたとしても、販売する際には必ず情報提供しなければならない。
2　毒物劇物営業者は、1回につき 200mg 以下の毒物を販売する場合、譲受人に対して情報提供を省略できる。
3　毒物劇物営業者は、塩化水素又は水酸化ナトリウムを含有する製剤たる劇物(住宅用の洗浄剤で液体状の物に限る。)を、主として生活の用に供する一般消費者に対して販売する場合は、情報提供を省略できる。
4　譲受人の承諾があれば、情報提供の方法は必ずしも文書の交付でなくともよい。

問　13　以下のうち、政令第40条の9及び省令第13条の12の規定により、毒物劇物営業者が毒物又は劇物を販売し、又は授与する時までに、譲受人に対し提供しなければならない情報の内容について、正しいものの組み合わせを下から一つ選びなさい。

ア　名称並びに成分及びその含量
イ　情報を提供する毒物劇物取扱責任者の氏名
ウ　応急措置
エ　管轄保健所の連絡先

1（ア、イ）　2（ア、ウ）　3（イ、エ）　4（ウ、エ）

問　14　以下のうち、法律第15条の規定により、毒物又は劇物の交付について、正しいものの組み合わせを下から一つ選びなさい。

ア　毒物劇物営業者は、麻薬、大麻、あへん又は覚せい剤の中毒者に、毒物又は劇物を交付してはならない。
イ　毒物劇物営業者は、心身の障害により毒物又は劇物による保健衛生上の危害の防止の措置を適正に行うことができない者として省令で定める者に、毒物又は劇物を交付してはならない。
ウ　毒物劇物営業者は、毒物又は劇物を直接受け取る人が18歳未満の者であっても、18歳以上の者の作成した譲受書を持っていれば、交付することが可能である。
エ　毒物劇物営業者は、引火性、発火性又は爆発性のある毒物又は劇物であって政令で定める物の交付を受ける者から、交付を受ける者の氏名及び本籍地を確認するためにその者の運転免許証等の提示を受けなければならない。

1（ア、イ）　2（ア、ウ）　3（イ、エ）　4（ウ、エ）

問　15　以下のうち、政令第40条の6及び省令第13条の7の規定により、1回の運搬につき、1,000kg を超えて毒物又は劇物を車両で運搬する業務を委託する際に、その荷送人が、運送人に対し、あらかじめ交付しなければならない書面の内容について、定められていないものを一つ選びなさい。

1　毒物又は劇物の名称
2　毒物又は劇物の成分及びその含量並びに数量
3　事故の際に講じなければならない応急の措置の内容
4　毒物又は劇物の製造所の名称及び連絡先

問　16　以下の記述は、法律第16条の2第2項の条文である。（　　）の中に入れるべき字句を下から一つ選びなさい。

法律第16条の2第2項
　毒物劇物営業者及び特定毒物研究者は、その取扱いに係る毒物又は劇物が盗難にあい、又は紛失したときは、直ちに、その旨を（　　）に届け出なければならない。

1　保健所　2　警察署　3　消防機関　4　厚生労働省

問　17　以下の記述は、法律第17条第1項の条文である。（　　）の中に入れるべき字句の正しい組み合わせを下から一つ選びなさい。

法律第17条第1項
　厚生労働大臣は、保健衛生上必要があると認めるときは、毒物又は劇物の製造業者又は（ ア ）から必要な報告を徴し、又は（ イ ）のうちからあらかじめ指定する者に、これらの者の製造所、営業所その他業務上毒物若しくは劇物を取り扱う場所に立ち入り、帳簿その他の物件を検査させ、関係者に質問させ、試験のため必要な最小限度の分量に限り、毒物、劇物、第 11 条第2項に規定する政令で定める物若しくはその疑いのある物を（ ウ ）させることができる。

	ア	イ	ウ
1	特定毒物研究者	毒物劇物監視員	収去
2	特定毒物研究者	薬事監視員	処分
3	輸入業者	毒物劇物監視員	処分
4	輸入業者	薬事監視員	収去

問 18 以下の物質のうち、法律第11条第2項の規定により、毒物劇物販売業者がその店舗の外に飛散し、漏れ、流れ出、若しくはしみ出、又はこの施設の地下にしみ込むことを防ぐのに必要な措置を講じなければならないものとして、毒物若しくは劇物を含有する物であって政令で定められていないものを一つ選びなさい。ただし、以下の物質については、水で10倍に希釈した場合のpHが2.0から12.0までのものを除くものとする。

1 塩化水素を含有する液体状の物
2 硝酸を含有する液体状の物
3 モノクロル酢酸を含有する液体状の物
4 水酸化カリウムを含有する液体状の物

問 19 以下の記述は、法律第16条の2第1項の条文である。（　）の中に入れるべき字句の正しい組み合わせを下から一つ選びなさい。

法律第16条の2第1項
毒物劇物営業者及び特定毒物研究者は、その取扱いに係る毒物若しくは劇物又は第11条第2項に規定する政令で定める物が飛散し、漏れ、流れ出、しみ出、又は地下にしみ込んだ場合において、（ ア ）又は多数の者について保健衛生上の危害が生ずるおそれがあるときは、（ イ ）、その旨を保健所、警察署又は（ ウ ）に届け出るとともに、保健衛生上の危害を防止するために必要な応急の措置を講じなければならない。

	ア	イ	ウ
1	不特定	直ちに	消防機関
2	不特定	直ちに	厚生労働省
3	特定	3日以内に	消防機関
4	特定	直ちに	厚生労働省

問 20 以下のうち、法律第4条の2の規定により、毒物又は劇物の販売業の登録の種類の数について、正しいものを一つ選びなさい。

1 2種類　　2 3種類　　3 4種類　　4 5種類

問 21 以下のうち、法律第22条、政令第41条、政令第42条及び省令第13条の13の規定により、業務上取扱者の届出を要する事業として、正しいものの組み合わせを下から一つ選びなさい。

ア シアン化ナトリウムを含む廃液の処理を行う事業
イ 最大積載量 5,000kg の自動車に固定された容器を用いホルムアルデヒドを運送する事業
ウ 内容積が 500L の容器を大型自動車に積載してアクリルニトリルを運送する事業
エ 砒（ひ）素化合物たる毒物を含有する製剤を用いてしろありの防除を行う事業

1（ア、イ）　　2（ア、ウ）　　3（イ、エ）　　4（ウ、エ）

問 22 以下の記述は、毒物又は劇物を運搬する車両に掲げる標識について規定した省令第13条の5の条文である。（　　）の中に入れるべき字句の正しい組み合わせを下から一つ選びなさい。

省令第13条の5
令第40条の5第2項第2号に規定する標識は、0.3メートル平方の板に地を（ア）、文字を（イ）として「毒」と表示し、車両の（ウ）の見やすい箇所に掲げなければならない。

	ア	イ	ウ
1	白色	黒色	前後
2	白色	黒色	側面
3	黒色	白色	前後
4	黒色	白色	側面

問 23 省令第4条の4の規定により、毒物又は劇物の製造所の設備基準に関する以下の記述の正誤について、正しい組み合わせを下から一つ選びなさい。

ア 毒物又は劇物とその他の物とを区分して貯蔵できるものであること。
イ 毒物又は劇物を陳列する場所にかぎをかける設備があること。
ウ 毒物又は劇物を貯蔵する場所が性質上、かぎをかけることができないものであるときは、その周囲に、堅固なさくが設けてあること。
エ 毒物又は劇物を含有する粉じん、蒸気又は廃水の処理に要する設備又は器具を備えていること。

	ア	イ	ウ	エ
1	正	正	正	正
2	正	正	誤	誤
3	正	誤	正	誤
4	誤	誤	誤	正

問 24 特定毒物に関する以下の記述のうち、<u>誤っているもの</u>を一つ選びなさい。

1 特定毒物研究者は、学術研究のために特定毒物を輸入できる。
2 特定毒物研究者は、学術研究のために特定毒物を製造できる。
3 特定毒物使用者は、品目ごとに政令で定める用途のために特定毒物を使用できる。
4 特定毒物使用者は、政令で定める品目に限り特定毒物を輸入できる。

問 25 以下の記述は、法律第24条の2の条文である。（　　）の中に入れるべき字句の正しい組み合わせを下から一つ選びなさい。なお、同じ記号の（　　）内には同じ字句が入ります。

法律第24条の2
次の各号のいずれかに該当する者は、2年以下の懲役若しくは100万円以下の罰金に処し、又はこれを併科する。
一　みだりに摂取し、若しくは吸入し、又はこれらの目的で所持することの情を知つて第3条の3に規定する政令で定める物を（ア）し、又は（イ）した者
二　業務その他正当な理由によることなく所持することの情を知つて第3条の4に規定する政令で定める物を（ア）し、又は（イ）した者
三　第22条第6項の規定による命令に違反した者

	ア	イ
1	販売	授与
2	販売	保管
3	陳列	保管
4	陳列	授与

【平成30年度実施】

〔法　規〕
(一般・農業用品目・特定品目共通)

※　　法規に関する以下の設問中、毒物及び劇物取締法を「法律」、毒物及び劇物取締法施行令を「政令」、毒物及び劇物取締法施行規則を「省令」とそれぞれ略称する。また、「都道府県知事」とあるのは、その店舗の所在地が地域保健法第５条第１項の政令で定める市(保健所を設置する市)又は特別区の区域にある場合においては、市長又は区長とする。

問　1　以下のうち、法律第１条の条文として、正しいものを下から一つ選びなさい。

1 この法律は、毒物及び劇物について、保健衛生上の見地から必要な取締を行うことを目的とする。
2 この法律は、毒物及び劇物の使用による保健衛生上の危害の発生及び拡大の防止ために必要な規制を行うことを目的とする。
3 この法律は、毒物及び劇物の濫用による保健衛生上の危害を防止し、もつて公共の福祉増進を図ることを目的とする。
4 この法律は、毒物及び劇物の管理を適正かつ合理的ならしめることにより、もつて公衆衛生の向上と生活環境の改善とに寄与することを目的とする。

問　2　以下の物質うち、毒物に該当するものを一つ選びなさい。

1 モノクロル酢酸　　2 硫酸タリウム　　3 シアン化水素　　4 クロロホルム

問　3　以下の記述は、法律第３条第３項の条文の一部である。(　　)の中に入れるべき字句の正しい組み合わせを下から一つ選びなさい。なお、同じ記号の(　　)内には同じ字句が入ります。

毒物又は劇物の販売業の登録を受けた者でなければ、毒物又は劇物を販売し、(　ア　)し、又は販売若しくは(　ア　)の目的で(　イ　)し、運搬し、若しくは陳列してはならない。

	ア	イ
1	使用	貯蔵
2	授与	貯蔵
3	授与	製造
4	使用	製造

問　4　毒物劇物営業者の登録に関する以下の記述のうち、<u>誤っているもの</u>を一つ選びなさい。

1　毒物又は劇物の販売業の登録の種類には、一般販売業、農業用品目販売業、特定品目販売業の３種類がある。
2　毒物又は劇物の製造業者は、毒物劇物販売業の登録を受けていなくても、その製造した毒物又は劇物を特定毒物研究者に販売又は授与することができる。
3　都道府県知事は、毒物又は劇物の販売業の登録を受けようとする者の設備が、省令で定める基準に適合しないと認めるときは、その者を登録してはならない。
4　毒物劇物営業者の登録事項には、製造所、営業所又は店舗の所在地がある。

問　5　以下のうち、法律第３条の４及び政令第 32 条の３の規定により、引火性、発火性又は爆発性のある毒物又は劇物として定められているものを一つ選びなさい。

1　ナトリウム　　2　酢酸エチル　　3　ニトロベンゼン　　4　カリウム

問　6　特定毒物研究者又は特定毒物使用者に関する以下の記述のうち、正しいものの組み合わせを下から一つ選びなさい。

ア　特定毒物研究者は、学術研究のためであっても、特定毒物を輸入することができない。
イ　特定毒物研究者は、特定毒物使用者に対し、その者が使用することができる特定毒物を譲り渡すことができる。
ウ　特定毒物使用者は、特定毒物を製造することができる。
エ　特定毒物使用者は、特定毒物を品目ごとに政令で定める用途以外の用途に供してはならない。

1（ア、ウ）　　2（ア、エ）　　3（イ、ウ）　　4（イ、エ）

問　7　省令第４条の４で定める毒物又は劇物の輸入業の営業所及び販売業の店舗の設備の基準に関する以下の記述のうち、正しいものの組み合わせを下から一つ選びなさい。

ア　コンクリート、板張り又はこれに準ずる構造とする等その外に毒物又は劇物が飛散し、漏れ、しみ出若しくは流れ出、又は地下にしみ込むおそれのない構造であること。
イ　毒物又は劇物を陳列する場所にかぎをかける設備があること。
ウ　毒物又は劇物を含有する粉じん、蒸気又は廃水の処理に要する設備又は器具を備えていること。
エ　毒物又は劇物の貯蔵設備は、毒物又は劇物とその他の物とを区分して貯蔵できるものであること。

1（ア、イ）　2（ア、ウ）　3（イ、エ）　4（ウ、エ）

問　8　毒物劇物取扱責任者に関する以下の記述のうち、<u>誤っているもの</u>を一つ選びなさい。

1　一般毒物劇物取扱者試験に合格した者は、特定品目販売業の毒物劇物取扱責任者となることができる。
2　毒物又は劇物の販売業者は、毒物劇物取扱責任者を置いたときは、30 日以内に、その店舗の所在地の都道府県知事に、その毒物劇物取扱責任者の氏名を届け出なければならない。
3　毒物若しくは劇物又は薬事に関する罪を犯し、罰金以上の刑に処せられ、その執行を受けることがなくなった日から起算して１年を経過した者は、毒物劇物取扱責任者となることができる。
4　毒物劇物営業者が毒物又は劇物の製造業及び販売業を併せ営む場合において、その製造所及び店舗が互に隣接しているとき、毒物劇物取扱責任者は、これらの施設を通じて１人で足りる。

問　9　以下の記述のうち、法律第 10 条の規定により、毒物劇物営業者が 30 日以内に届け出なければならない場合として、正しいものを一つ選びなさい。

1　毒物又は劇物の販売業者が、販売する毒物又は劇物の品目を変更したとき。
2　毒物又は劇物の製造業者又は輸入業者が登録を受けた毒物又は劇物以外の毒物又は劇物を製造し又は輸入したとき。
3　製造所、営業所又は店舗における営業を廃止したとき。
4　法人である毒物又は劇物の販売業者がその代表取締役を変更したとき。

問　10　以下の記述は、法律第11条第4項の条文である。(　　)の中に入れるべき字句を下から一つ選びなさい。

法律第11条第4項
　毒物劇物営業者及び特定毒物研究者は、毒物又は厚生労働省令で定める劇物については、その容器として、(　　)の容器として通常使用される物を使用してはならない。

1　医薬品　　2　飲食物　　3　洗浄剤　　4　化粧品

問　11　以下のうち、法律第12条第2項の規定により、毒物劇物営業者が、販売又は授与する毒物又は劇物の容器及び被包に表示しなければならない事項として、定められていないものを一つ選びなさい。

1　毒物又は劇物の名称
2　毒物又は劇物の成分及びその含量
3　省令で定める毒物又は劇物については、それぞれ省令で定めるその解毒剤の名称
4　省令で定める毒物又は劇物については、それぞれ省令で定めるその廃棄の方法

問　12　以下のうち、法律第12条第2項及び省令第11条の6の規定により、毒物又は劇物の製造業者が、その製造した塩化水素を含有する製剤たる劇物(住宅用の洗浄剤で液体状のものに限る。)を販売する際にその容器及び被包に表示しなければならない事項として、定められていないものを一つ選びなさい。

1　居間等人が常時居住する室内では使用してはならない旨
2　使用の際、手足や皮膚、特に眼にかからないように注意しなければならない旨
3　眼に入った場合は、直ちに流水でよく洗い、医師の診断を受けるべき旨
4　小児の手の届かないところに保管しなければならない旨

問　13　以下の記述は、法律第14条第1項の条文である。(　　)の中に入れるべき字句の正しい組み合わせを下から一つ選びなさい。

法律第14条第1項
　毒物劇物営業者は、毒物又は劇物を他の毒物劇物営業者に販売し、又は授与したときは、その都度、次に掲げる事項を書面に記載しておかなければならない。

一　毒物又は劇物の(ア)及び数量
二　販売又は授与の(イ)
三　譲受人の氏名、(ウ)及び住所(法人にあつては、その名称及び主たる事務所の所在地)

	ア	イ	ウ
1	名称	目的	年齢
2	名称	年月日	職業
3	種類	目的	職業
4	種類	年月日	年齢

問　14　法律第15条で定める毒物又は劇物の交付の制限に関する以下の記述の正誤について、正しい組み合わせを下から一つ選びなさい。

ア　心身の障害により毒物又は劇物による保健衛生上の危害の防止の措置を適正に行うことができない者として省令で定めるものに毒物又は劇物を交付してはならない。
イ　引火性、発火性又は爆発性のある毒物又は劇物であって政令で定めるものは、その交付を受ける者の氏名及び住所を確認した後でなければ、その毒物又は劇物を交付してはならない。
ウ　麻薬、大麻、あへん又は覚せい剤の中毒者に毒物又は劇物を交付してはならない。
エ　15歳の者に毒物又は劇物を交付してはならない。

	ア	イ	ウ	エ
1	正	正	正	正
2	正	正	誤	正
3	正	誤	誤	誤
4	誤	誤	正	誤

問 15 以下の記述は、法律第17条第2項の条文である。（ ）の中に入れるべき字句の正しい組み合わせを下から一つ選びなさい。

法律第17条第2項
（ア）は、保健衛生上必要があると認めるときは、毒物又は劇物の販売業者又は特定毒物研究者から必要な報告を徴し、又は薬事監視員のうちからあらかじめ指定する者に、これらの者の店舗、研究所その他業務上毒物若しくは劇物を取り扱う場所に立ち入り、帳簿その他の物件を（イ）させ、関係者に質問させ、試験のため必要な最小限度の分量に限り、毒物、劇物、第11条第2項に規定する政令で定める物若しくはその疑いのある物を（ウ）させることができる。

	ア	イ	ウ
1	厚生労働大臣	捜査	収去
2	厚生労働大臣	検査	調査
3	都道府県知事	検査	収去
4	都道府県知事	捜査	調査

問 16 以下のうち、法律第22条の規定により、業務上取扱者の届出を要する事業について、正しい組み合わせを下から一つ選びなさい。

ア シアン化ナトリウムを用いて電気めっきを行う事業
イ シアン化ナトリウムを用いてしろありの防除を行う事業
ウ 内容積が200 Lの容器を大型自動車に積載して四アルキル鉛を含有する製剤の運送を行う事業
エ 砒（ひ）素化合物を用いて金属熱処理を行う事業

1（ア、ウ） 2（ア、エ） 3（イ、ウ） 4（イ、エ）

問 17 以下の記述は、法律第4条第4項の条文である。（ ）の中に入れるべき字句の正しい組み合わせを下から一つ選びなさい。

法律第4条第4項
製造業又は輸入業の登録は、（ア）ごとに、販売業の登録は、（イ）ごとに、更新を受けなければ、その効力を失う。

	ア	イ
1	5年	5年
2	5年	6年
3	6年	5年
4	6年	6年

問 18 以下の記述は、政令第40条の6第1項及び省令第13条の7の条文である。（ ）の中に入れるべき字句又は数字の正しい組み合わせを下から一つ選びなさい。

政令第40条の6第1項
毒物又は劇物を車両を使用して、又は鉄道によつて運搬する場合で、当該運搬を他に委託するときは、その荷送人は、運送人に対し、（ア）、当該毒物又は劇物の名称、成分及びその含量並びに数量並びに事故の際に講じなければならない応急の措置の内容を記載した書面を交付しなければならない。ただし、厚生労働省令で定める数量以下の毒物又は劇物を運搬する場合は、この限りでない。

省令第13条の7
令第40条の6第1項に規定する厚生労働省令で定める数量は、1回の運搬につき（イ）キログラムとする。

	ア	イ
1	あらかじめ	1,000
2	あらかじめ	5,000
3	求めに応じて	1,000
4	求めに応じて	5,000

問 19　毒物劇物営業者が毒物又は劇物を販売又は授与する際の情報提供に関する以下の記述の正誤について、正しい組み合わせを下から一つ選びなさい。

ア　譲受人に対し、既に販売又は授与する毒物又は劇物の性状及び取扱いに関する情報の提供が行われている場合は、情報提供を省略できる。
イ　提供した毒物又は劇物の性状及び取扱いに関する情報の内容に変更が生じたときは、速やかに、販売又は授与した譲受人に対し、変更後の性状及び取扱いに関する情報を提供するよう努めなければならない。
ウ　１回につき 200mg 以下の毒物を販売又は授与する場合は、その毒物の性状及び取扱いに関する情報提供を省略できる。
エ　毒物劇物営業者は、譲受人に対し、毒物又は劇物を販売又は授与する時までに、その毒物又は劇物の性状及び取扱いに関する情報を提供しなければならない。

	ア	イ	ウ	エ
1	正	正	誤	正
2	正	正	誤	誤
3	正	誤	正	正
4	誤	正	正	誤

問 20　以下のうち、特定毒物を含有する製剤と着色の基準について、正しいものの組み合わせを一つ選びなさい。

	特定毒物を含有する製剤	着色の基準
1	四アルキル鉛を含有する製剤	黒色
2	モノフルオール酢酸の塩類を含有する製剤	深紅色
3	ジメチルエチルメルカプトエチルチオホスフェイトを含有する製剤	青色
4	モノフルオール酢酸アミドを含有する製剤	黄色

問 21　以下の記述は、法律第 12 条第１項の条文である。(　)の中に入れるべき字句の正しい組み合わせを下から一つ選びなさい。

法律第１２条第１項
毒物劇物営業者及び特定毒物研究者は、毒物又は劇物の容器及び被包に、(ア)の文字及び毒物については(イ)をもつて「毒物」の文字、劇物については(ウ)をもつて「劇物」の文字を表示しなければならない。

	ア	イ	ウ
1	「医薬部外」	赤地に白色	白地に赤色
2	「医薬部外」	白地に赤色	赤地に白色
3	「医薬用外」	白地に赤色	赤地に白色
4	「医薬用外」	赤地に白色	白地に赤色

問 22　政令第 40 条の５第２項に規定する別表第２に掲げる毒物又は劇物を、車両を用いて１回につき 5,000kg 以上運搬する場合の運搬方法に関する以下の記述のうち、誤っているものを一つ選びなさい。

1　１人の運転者による運転時間が１日あたり９時間を超える場合、車両１台について運転者のほか交替して運転する者を同乗させなければならない。
2　車両には 0.3 メートル平方の板に地を赤色、文字を白色として「劇」と表示し、車両の側面の見やすい箇所に掲げなければならない。
3　車両には、運搬する毒物又は劇物の名称、成分及びその含量並びに事故の際に講じなければならない応急の措置の内容を記載した書面を備えなければならない。
4　車両には、防毒マスク、ゴム手袋その他事故の際に応急の措置を講ずるために必要な保護 具で省令で定めるものを２人分以上備えなければならない。

問　23　以下の記述は、政令第 40 条の条文の一部である。(　)の中に入れるべき字句の正しい組み合わせを下から一つ選びなさい。なお、同じ記号の(　)内には同じ字句が入ります。

ガス体又は(ア)性の毒物又は劇物は、保健衛生上危害を生ずるおそれがない場所で、少量ずつ放出し、又は(ア)させること。可燃性の毒物又は劇物は、保健衛生上危害を生ずるおそれがない場所で、少量ずつ(イ)させること。

	ア	イ
1	揮発	燃焼
2	揮発	蒸発
3	昇華	燃焼
4	昇華	蒸発

問　24　法律第 21 条第 1 項に関する以下の記述について、(　)の中に入れるべき数字を下から一つ選びなさい。

特定毒物研究者は、特定毒物研究者の許可が効力を失ったときは、(　)日以内に、現に所有する特定毒物の品名及び数量を届け出なければならない。

1　10　　2　15　　3　30　　4　50

問　25　以下のうち、法律第 22 条の規定により、業務上取扱者が事業場の所在地の都道府県知事に届け出なければならない事項について、誤っているものを一つ選びなさい。

1　氏名又は住所(法人にあっては、その名称及び主たる事務所の所在地)
2　事業場の営業時間
3　事業場の所在地
4　事業場の名称

【令和元年度実施】

※九州全県・沖縄県統一共通においては、毎年８月に行われている試験が台風の影響により、２通りに分かれて試験が実施されました。これに伴い令和元年度は、２つの試験問題作成がされたことで、２つの試験問題を収録いたしました。

九州全県・沖縄県統一共通①〔福岡県、沖縄県〕

令和元年度実施

〔法　規〕

（一般・農業用品目・特定品目共通）

※　法規に関する以下の設問中、毒物及び劇物取締法を「法律」、毒物及び劇物取締法施行令を「政令」、毒物及び劇物取締法施行規則を「省令」とそれぞれ略称する。また、「都道府県知事」とあるのは、その店舗の所在地が地域保健法第５条第１項の政令で定める市（保健所を設置する市）又は特別区の区域にある場合においては、市長又は区長とする。

問　1　以下のうち、法律第１条及び第２条の条文として、誤っているものを一つ選びなさい。

1　この法律は、毒物及び劇物について、保健衛生上の見地から必要な取締を行うことを目的とする。
2　この法律で「毒物」とは、別表第一に掲げる物であつて、医薬品及び医薬部外品以外のものをいう。
3　この法律で「劇物」とは、別表第二に掲げる物であつて、医薬品及び医薬部外品以外のものをいう。
4　この法律で「特定毒物」とは、毒物及び劇物以外の物であつて、別表第三に掲げるものをいう。

問　2　以下の物質のうち、毒物に該当するものとして、正しいものの組み合わせを下から一つ選びなさい。

1　弗(ふっ)化水素　　2　セレン　　3　硝酸タリウム　　4　ブロムメチル

1（ア、イ）　2（ア、エ）　3（イ、ウ）　4（ウ、エ）

問　3　以下の製剤のうち、劇物に該当するものとして正しい組み合わせを下から一つ選びなさい。

ア　塩化水素を10％含有する製剤
イ　水酸化カリウムを10％含有する製剤
ウ　水酸化ナトリウムを10％含有する製剤
エ　硫酸を10％含有する製剤

1（ア、イ）　2（ア、エ）　3（イ、ウ）　4（ウ、エ）

問 4 以下の記述は、法律第 14 条第１項の条文である。（　）の中に入れるべき字句の正しい組み合わせを下から一つ選びなさい。

法律第 14 条第１項
　毒物劇物営業者は、毒物又は劇物を他の毒物劇物営業者に販売し、又は授与したときは、その都度、次に掲げる事項を書面に記載しておかなければならない。
一 毒物又は劇物の（　ア　）及び数量
二 販売又は授与の年月日
三 （　イ　）の氏名、（　ウ　）及び住所（法人にあつては、その名称及び主たる事務所の所在地）

	ア	イ	ウ
1	成分	譲受人	年齢
2	成分	責任者	職業
3	名称	譲受人	職業
4	名称	責任者	年齢

問 5 以下の記述は、法律第３条の２第９項の条文である。（　）の中に入れるべき字句の正しい組み合わせを下から一つ選びなさい。

法律第３条の２第９項
　毒物劇物営業者又は特定毒物研究者は、保健衛生上の危害を防止するため政令で特定毒物について（　ア　）、（　イ　）又は（　ウ　）の基準が定められたときは、当該特定毒物については、その基準に適合するものでなければ、これを特定毒物使用者に譲り渡してはならない。

	ア	イ	ウ
1	品質	廃棄	運搬
2	毒性	廃棄	表示
3	品質	着色	表示
4	毒性	着色	運搬

問 6 以下のうち、都道府県知事が行う毒物劇物取扱者試験に合格した者で、毒物劇物取扱責任者となることができない者の組み合わせを下から一つ選びなさい。

ア 17 歳の者
イ 毒物劇物営業登録施設での実務経験が１年未満の者
ウ 麻薬の中毒者
エ 道路交通法違反で罰金以上の刑に処せられ、その執行を終わり、１年を経過した者

1（ア、イ）　2（ア、ウ）　3（イ、エ）　4（ウ、エ）

問 7 以下の物質のうち、法律第３条の４の規定により、引火性、発火性又は爆発性のある毒物又は劇物であって、業務その他正当な理由による場合を除いては、所持してはならないものとして政令で定められているものの組み合わせを下から一つ選びなさい。

ア リチウム　　　　　　イ アルミニウム
ウ 塩素酸ナトリウム　　エ 亜塩素酸ナトリウム

1（ア、イ）　2（ア、ウ）　3（イ、エ）　4（ウ、エ）

問 8 以下のうち、法律第22条第１項の規定により、業務上取扱者として届け出なければならない者として正しいものを一つ選びなさい。

1 金属熱処理を行う事業者であって、その業務上、弗(ふっ)化水素酸を取り扱う者
2 ねずみの駆除を行う事業者であって、その業務上、モノフルオール酢酸を取り扱う者
3 電気めっきを行う事業者であって、その業務上、無水クロム酸を取り扱う者
4 しろありの防除を行う事業者であって、その業務上、亜砒(ひ)酸を取り扱う者

問　9　以下のうち、政令第40条の9及び省令第13条の12の規定により、毒物劇物営業者が毒物又は劇物を販売し、又は授与する時までに、譲受人に対し提供しなければならない情報の内容について、正しいものの組み合わせを下から一つ選びなさい。

ア 名称並びに成分及びその含量
イ 情報を提供する毒物劇物取扱責任者の氏名
ウ 応急措置
エ 管轄保健所の連絡先

1（ア、イ）　2（ア、ウ）　3（イ、エ）　4（ウ、エ）

問　10　以下のうち、法律第10条の規定により、毒物又は劇物の販売業者が30日以内に届け出なければならない場合として、正しいものの組み合わせを下から一つ選びなさい。

ア 販売する毒物又は劇物の品目を変更したとき
イ 法人である販売業者がその代表取締役を変更したとき
ウ 毒物又は劇物を貯蔵する設備の重要な部分を変更したとき
エ 店舗における営業を廃止したとき

1（ア、イ）　2（ア、ウ）　3（イ、エ）　4（ウ、エ）

問　11　以下のうち、運搬業者が車両を使用して1回につき5,000キログラムのクロルピクリンを運搬する場合に、当該車両に備えなければならない省令で定める保護具として正しいものを一つ選びなさい。

1 保護長ぐつ、保護衣、保護眼鏡、普通ガス用防毒マスク
2 保護手袋、保護長ぐつ、保護衣、有機ガス用防毒マスク
3 保護手袋、保護衣、保護眼鏡、酸性ガス用防毒マスク
4 保護手袋、保護長ぐつ、保護眼鏡、普通ガス用防毒マスク

問　12　以下の記述は、政令第40条の5の規定による毒物又は劇物の運搬方法に関するものである。（　）の中に入れるべき字句の正しい組み合わせを下から一つ選びなさい。

車両を使用して1回につき5,000キログラムの20％水酸化ナトリウム水溶液を運搬するとき、1日当たりの運転時間が（　ア　）を超える場合には、運転者のほか交替して運転する者を同乗させなければならない。
また、連続運転時間（1回が連続10分以上で、かつ、合計が（　イ　）以上の運転の中断をすることなく連続して運転する時間をいう。）が4時間を超える場合も同様である。

	ア	イ
1	9時間	30分
2	9時間	60分
3	6時間	30分
4	6時間	60分

問　13　以下のうち、法律第12条第1項の規定により、毒物又は劇物の輸入業者が輸入した毒物の容器及び被包に表示しなければならない事項として正しいものを一つ選びなさい。

1 「医薬用外」の文字及び白地に赤色をもって「毒物」の文字
2 「輸入品」の文字及び白地に黒色をもって「毒」の文字
3 「医薬用外」の文字及び赤地に白色をもって「毒物」の文字
4 「輸入品」の文字及び黒地に白色をもって「毒」の文字

問　14　以下の記述のうち、法律の条文に照らして、正しいものを一つ選びなさい。

1　毒物又は劇物の製造業の登録は、5年ごとに、毒物又は劇物の輸入業の登録は、6年ごとに、更新を受けなければ、その効力を失う。

2　毒物又は劇物の製造業者は、毒物又は劇物の譲渡手続きに必要な書面を販売又は授与した日から3年間保存しなければならない。

3　特定毒物研究者は、その特定毒物研究者の許可が効力を失ったときは、15日以内に、現に所有する特定毒物の品名及び数量を届け出なければならない。

4　毒物又は劇物の製造業者は、毒物劇物取扱責任者を置いたときは、50日以内に、その毒物劇物取扱責任者の氏名を届け出なければならない。

問　15　以下のうち、法律第12条第2項及び省令第11条の6第4号の規定により、毒物又は劇物の販売業者が、毒物の直接の容器を開いて、毒物を販売するときに、その容器及び被包に表示しなければならない事項として、<u>誤っているもの</u>を一つ選びなさい。

1　毒物又は劇物の販売業者の氏名及び住所（法人にあっては、その名称及び主たる事務所の所在地）

2　販売する毒物の名称、成分及びその含量

3　毒物劇物取扱責任者の氏名

4　販売する毒物の開封年月日

問　16　以下の記述のうち、法律の条文に照らして、正しいものを一つ選びなさい。

1　農業用品目販売業の登録を受けた者は、全ての品目の毒物及び劇物を販売することができる。

2　毒物又は劇物の販売業の登録を受けようとする者で、店舗が複数ある場合は、主たる店舗についてのみ都道府県知事の登録を受けることで足りる。

3　毒物又は劇物の販売業の登録を受けようとする者が、法律の規定により登録を取り消され、取消の日から起算して2年を経過していないものであるときは、販売業の登録を受けることができない。

4　毒物又は劇物の販売業の登録は、5年ごとに、更新を受けなければ、その効力を失う。

問　17　以下の記述は、法律第21条第2項に関するものである。（　　）の中に入れるべき数字を下から一つ選びなさい。

毒物劇物営業者は、その営業の登録が効力を失ったときは、その登録が失効した日から起算して（　　）日以内に、現に所有する特定毒物を他の毒物劇物営業者、特定毒物研究者又は特定毒物使用者に譲り渡す場合に限り、その譲渡が認められる。

1　10　　　2　15　　　3　30　　　4　50

問　18　以下のうち、車両を使用して、1回の運搬につき1,000キログラムを超えて毒物又は劇物を運搬する場合で、当該運搬を他に委託するとき、荷送人が運送人に対し、あらかじめ、交付する書面に記載する事項として、政令第40条の6の条文に<u>規定されていないもの</u>を一つ選びなさい。

1　毒物又は劇物の名称

2　毒物又は劇物の成分及びその含量

3　毒物又は劇物の製造業者の氏名及び住所

4　事故の際に講じなければならない応急の措置の内容

問 19 以下の記述は、法律第16条の2第2項の条文である。（　）の中に入れるべき字句を下から一つ選びなさい。

法律第16条の2第2項

毒物劇物営業者及び特定毒物研究者は、その取扱いに係る毒物又は劇物が盗難にあい、又は紛失したときは、直ちに、その旨を（　）に届け出なければならない。

1　保健所　　2　警察署　　3　消防機関　　4　厚生労働省

問 20 以下のうち、毒物劇物営業者が、モノフルオール酢酸アミドを含有する製剤を特定毒物使用者に譲り渡す場合の着色の基準として正しいものを一つ選びなさい。

1　黒色に着色されていること
2　赤色に着色されていること
3　黄色に着色されていること
4　青色に着色されていること

問 21 以下の記述は、毒物を運搬する車両に掲げる標識について規定した省令第13条の5の条文である。（　）の中に入れるべき字句の正しい組み合わせを下から一つ選びなさい。

省令第13条の5

令第40条の5第2項第2号に規定する標識は、0.3メートル平方の板に地を（ア）、文字を（イ）として「毒」と表示し、車両の（ウ）の見やすい箇所に掲げなければならない。

	ア	イ	ウ
1	白色	黒色	前後
2	白色	黒色	側面
3	黒色	白色	前後
4	黒色	白色	側面

問 22 以下の記述は、政令第40条に定める毒物又は劇物の廃棄の方法に関するものである。（　）の中に入れるべき字句の正しい組み合わせを下から一つ選びなさい。なお、同じ記号の（　）内には同じ字句が入ります。

一　中和、加水分解、酸化、還元、稀釈その他の方法により、毒物及び劇物並びに法律第11条第2項に規定する政令で定める物のいずれにも該当しない物とすること。

二　ガス体又は（ア）性の毒物又は劇物は、保健衛生上危害を生ずるおそれがない場所で、少量ずつ放出し、又は（ア）させること。

三　（イ）性の毒物又は劇物は、保健衛生上危害を生ずるおそれがない場所で、少量ずつ燃焼させること。

四　前各号により難い場合には、地下1メートル以上で、かつ、（ウ）を汚染するおそれがない地中に確実に埋め、海面上に引き上げられ、若しくは浮き上がるおそれがない方法で海水中に沈め、又は保健衛生上危害を生ずるおそれがないその他の方法で処理すること。

	ア	イ	ウ
1	揮発	引火	土壌
2	発火	可燃	土壌
3	発火	引火	地下水
4	揮発	可燃	地下水

問 23 以下の記述の正誤について、省令第４条の４の規定により、毒物又は劇物の製造所の設備の基準として、正しいものの組み合わせを下から一つ選びなさい。

ア 毒物又は劇物を陳列する場所にかぎをかける設備があること。
イ コンクリート、板張り又はこれに準ずる構造とする等その外に毒物又は劇物が飛散し、漏れ、しみ出若しくは流れ出、又は地下にしみ込むおそれのない構造であること。
ウ 毒物又は劇物を貯蔵する場所が性質上かぎをかけることができないものであるときは、その周囲に、堅固なさくが設けてあること。
エ 毒物又は劇物を含有する粉じん、蒸気又は廃水の処理に要する設備又は器具を備えていること。

	ア	イ	ウ	エ
1	正	正	正	正
2	正	正	誤	誤
3	正	誤	誤	正
4	誤	正	正	正

問 24 以下の記述は、法律第 24 条の２の条文である。（ ）の中に入れるべき字句を下から一つ選びなさい。なお、２か所の（ ）内にはどちらも同じ字句が入ります。

法律第 24 条の２
次の各号のいずれかに該当する者は、２年以下の懲役若しくは 100 万円以下の罰金に処し、又はこれを併科する。
一 みだりに摂取し、若しくは吸入し、又はこれらの目的で（ ）第３条の３に規定する政令で定める物を販売し、又は授与した者
二 業務その他正当な理由によることなく（ ）第３条の４に規定する政令で定める物を販売し、又は授与した者
三 第 22 条第６項の規定による命令に違反した者

1 所持することの情を知つて
2 所持することの情を知らず
3 所持することの情の有無にかかわらず
4 所持することの情を確認せず

問 25 以下の記述は、法律第 17 条第２項の条文である。（ ）の中に入れるべき字句の正しい組み合わせを下から一つ選びなさい。

法律第 17 条第２項
（ ア ）は、保健衛生上必要があると認めるときは、毒物又は劇物の販売業者又は特定毒物研究者から必要な報告を徴し、又は薬事監視員のうちからあらかじめ指定する者に、これらの者の店舗、研究所その他業務上毒物若しくは劇物を取り扱う場所に立ち入り、帳簿その他の物件を（ イ ）させ、関係者に質問させ、試験のため必要な最小限度の分量に限り、毒物、劇物、第 11 条第２項に規定する政令で定める物若しくはその疑いのある物を（ ウ ）させることができる。

	ア	イ	ウ
1	厚生労働大臣	検査	調査
2	都道府県知事	検査	収去
3	都道府県知事	捜査	調査
4	厚生労働大臣	捜査	収去

※九州全県・沖縄県統一共通においては、毎年８月に行われている試験が台風の影響により、２通りに分かれて試験が実施されました。これに伴い令和元年度は、２つの試験問題作成がされたことで、２つの試験問題を収録いたしました。

九州全県・沖縄県統一共通②
〔佐賀県、長崎県、熊本県、大分県、宮崎県、鹿児島県〕

令和元年度実施

〔法　規〕
（一般・農業用品目・特定品目共通）

※　法規に関する以下の設問中、毒物及び劇物取締法を「法律」、毒物及び劇物取締法施行令を「政令」、毒物及び劇物取締法施行規則を「省令」とそれぞれ略称する。また、「都道府県知事」とあるのは、その店舗の所在地が地域保健法第５条第１項の政令で定める市(保健所を設置する市)又は特別区の区域にある場合においては、市長又は区長とする。

問　1　以下の記述は、法律第１条の条文である。(　　)の中に入れるべき字句の正しい組み合わせを下から一つ選びなさい。

法律第１条
この法律は、毒物及び劇物について、(　ア　)上の見地から必要な(　イ　)を行うことを目的とする。

	ア	イ
1	公衆衛生	取締
2	保健衛生	取締
3	保健衛生	指導
4	公衆衛生	指導

問　2　以下の物質のうち、法律第２条第３項の規定により、特定毒物に該当するものを一つ選びなさい。

1　水酸化ナトリウム　　2　モノフルオール酢酸アミド
3　水銀　　4　クロロホルム

問　3　以下のうち、法律第３条の３及び政令第32条の２の規定により、興奮、幻覚又は麻酔の 作用を有する毒物又は劇物(これらを含有する物を含む。)として<u>定められていないもの</u>を一 つ選びなさい。

1　トルエン　　2　亜塩素酸ナトリウム
3　酢酸エチルを含有するシンナー　　4　メタノールを含有する接着剤

問　4　以下の記述は、法律第３条の４の条文である。(　　)の中に入れるべき字句の正しい組 み合わせを下から一つ選びなさい。

法律第３条の４
引火性、発火性又は(　ア　)のある毒物又は劇物であつて政令で定めるものは、業 務その他正当な理由による場合を除いては、(　イ　)してはならない。

	ア	イ
1	爆発性	所持
2	興奮性	販売
3	爆発性	販売
4	興奮性	所持

問　5　以下の記述は、法律第３条の条文の一部である。（　　）の中に入れるべき字句の正しい組み合わせを下から一つ選びなさい。

　毒物又は劇物の販売業の登録を受けた者でなければ、毒物又は劇物を販売し、（　ア　）し、又は販売若しくは（　ア　）の目的で貯蔵し、運搬し、若しくは（　イ　）してはならない。

	ア	イ
1	授与	陳列
2	使用	陳列
3	授与	所持
4	使用	所持

問　6　法律第３条の２の規定による、特定毒物研究者に関する以下の記述の正誤について、正しい組み合わせを下から一つ選びなさい。

ア　特定毒物研究者は、特定毒物を学術研究以外の目的にも使用することができる。
イ　特定毒物研究者は、特定毒物使用者に対し、その者が使用することができる特定毒物を譲り渡すことができる。
ウ　特定毒物研究者は、特定毒物を使用することはできるが、製造してはならない。
エ　特定毒物研究者は、特定毒物を輸入することができる。

	ア	イ	ウ	エ
1	正	正	正	正
2	正	正	誤	誤
3	正	誤	誤	誤
4	誤	正	誤	正

問　7　毒物又は劇物の販売業に関する以下の記述のうち、<u>誤っているもの</u>を一つ選びなさい。

1　毒物又は劇物の販売業の登録は、店舗ごとに受けなければならない。
2　特定品目販売業の登録を受けた者でなければ、特定毒物を販売することはできない。
3　毒物又は劇物の販売業の登録は６年ごとに更新を受けなければ、その効力を失う。
4　農業用品目販売業の登録を受けた者は、農業用品目以外の毒物又は劇物を販売してはならない。

問　8　省令第４条の４の規定による毒物又は劇物の製造所等の設備基準に関する以下の記述の正誤について、正しい組み合わせを下から一つ選びなさい。

ア　毒物又は劇物の貯蔵設備は、毒物又は劇物とその他の物とを区分して貯蔵できるものであること。
イ　毒物又は劇物を貯蔵する場所が性質上かぎをかけることができないものであるときは、その周囲に、堅固なさくが設けてあること。
ウ　毒物又は劇物を貯蔵するタンク、ドラムかん、その他の容器は、毒物又は劇物が飛散し、漏れ、又はしみ出るおそれのないものであること。
エ　毒物又は劇物を陳列する場所にかぎをかける設備があること。

	ア	イ	ウ	エ
1	正	正	正	正
2	正	正	誤	誤
3	正	誤	正	誤
4	誤	誤	誤	正

問　9　毒物劇物取扱責任者に関する以下の記述のうち、<u>誤っているもの</u>を一つ選びなさい。

1　都道府県知事が行う毒物劇物取扱者試験の合格者又は薬剤師でなければ、毒物劇物営業者の毒物劇物取扱責任者になることができない。
2　毒物又は劇物の販売業者は、毒物劇物取扱責任者を変更したときは、30 日以内に、その店舗の所在地の都道府県知事に、その毒物劇物取扱責任者の氏名を届け出なければならない。
3　18 歳未満の者は、毒物劇物取扱責任者になることができない。
4　毒物又は劇物の製造業者が、販売業を併せ営む場合において、その製造所と店舗が互いに隣接しているとき、毒物劇物取扱責任者は、これらの施設を通じて 1 人で足りる。

問　10　毒物劇物営業者に関する以下の記述の正誤について、正しい組み合わせを下から一つ選びなさい。

ア　毒物劇物営業者は、その氏名又は住所(法人にあっては、その名称又は主たる事務所の所在地)を変更したときは、50 日以内に、その旨を届け出なければならない。

イ　毒物劇物営業者は、その営業の登録が効力を失ったときは、30 日以内に、現に所有する特定毒物の品名及び数量を届け出なければならない。

ウ　毒物劇物販売業者は、毒物又は劇物を貯蔵する設備の重要な部分を変更したときは、30 日以内に、その旨を届け出なければならない。

エ　毒物劇物製造業者は、登録を受けた毒物又は劇物以外の毒物又は劇物を製造しようとするときは、あらかじめ登録の変更を受けなければならない。

	ア	イ	ウ	エ
1	正	正	正	誤
2	正	誤	誤	誤
3	誤	正	誤	正
4	誤	誤	正	正

問　11　以下の記述は、法律第 11 条第 4 項の条文である。(　　)の中に入れるべき字句を下から一つ選びなさい。

法律第 11 条第 4 項

毒物劇物営業者及び特定毒物研究者は、毒物又は厚生労働省令で定める劇物については、その容器として、(　　)の容器として通常使用される物を使用してはならない。

1　医薬品　　2　化粧品　　3　飲食物　　4　農薬

問　12　以下の毒物又は劇物の表示に関する記述のうち、法律第 12 条第 1 項の規定により、正しいものを一つ選びなさい。

1　毒物劇物営業者は、毒物の容器及び被包に、「医薬用外」の文字及び赤地に白色をもって「毒物」の文字を表示しなければならない。
2　毒物劇物営業者は、毒物の容器及び被包に、「医薬部外」の文字及び白地に赤色をもって「毒物」の文字を表示しなければならない。
3　毒物劇物営業者は、劇物の容器及び被包に、「医薬用外」の文字及び赤地に白色をもって「劇物」の文字を表示しなければならない。
4　毒物劇物営業者は、劇物の容器及び被包に、「医薬部外」の文字及び白地に赤色をもって「劇物」の文字を表示しなければならない。

問　13　以下の記述は、法律第 12 条第 2 項の条文である。(　　)の中に入れるべき字句の正しい組み合わせを下から一つ選びなさい。

法律第 12 条第 2 項

毒物劇物営業者は、その容器及び被包に、左に掲げる事項を表示しなければ、毒物又は劇物を販売し、又は授与してはならない。

一　毒物又は劇物の名称
二　毒物又は劇物の(　ア　)及びその(　イ　)
三　厚生労働省令で定める毒物又は劇物については、それぞれ厚生労働省令で定めるその(　ウ　)の名称
四　毒物又は劇物の取扱及び使用上特に必要と認めて、厚生労働省令で定める事項

	ア	イ	ウ
1	成分	性状	中和剤
2	化学構造式	含量	中和剤
3	成分	含量	解毒剤
4	化学構造式	性状	解毒剤

問　14　以下の劇物のうち、毒物劇物営業者が省令で定める方法により着色したものでなければ、農業用として販売し、又は授与してはならないものとして、正しいものの組み合わせを下から一つ選びなさい。

ア　硫酸タリウムを含有する製剤たる劇物
イ　ジメトエートを含有する製剤たる劇物
ウ　塩素酸ナトリウムを含有する製剤たる劇物
エ　燐(りん)化亜鉛を含有する製剤たる劇物

1（ア、イ）　2（ア、エ）　3（イ、ウ）　4（ウ、エ）

問　15　以下のうち、毒物又は劇物の販売業者が、毒物劇物営業者以外の者に毒物又は劇物を販売するときに、譲受人から提出を受けなければならない書面の記載事項として、法律第14条に規定されていないものを一つ選びなさい。

1　毒物又は劇物の使用目的
2　販売年月日
3　毒物又は劇物の名称及び数量
4　譲受人の氏名、職業及び住所(法人にあっては、その名称及び主たる事務所の所在地

問　16　以下のうち、法律第14条第4項の規定により、毒物又は劇物の販売業者が、毒物劇物営業者以外の者に劇物を販売するときに、譲受人から提出を受ける書面の保存期間として、正しいものを一つ選びなさい。

1　販売の日から1年間　　2　販売の日から3年間
3　販売の日から5年間　　4　販売の日から6年間

問　17　以下の記述は、法律第15条第1項の条文である。（　）の中に入れるべき字句の正しい組み合わせを下から一つ選びなさい。

法律第15条第1項
　毒物劇物営業者は、毒物又は劇物を次に掲げる者に交付してはならない。
　一　（　ア　）未満の者
　二　心身の障害により毒物又は劇物による保健衛生上の危害の防止の措置を適正に行うことができない者として厚生労働省令で定めるもの
　三　麻薬、（　イ　）、あへん又は覚せい剤の中毒者

	ア	イ
1	20歳	大麻
2	18歳	向精神薬
3	18歳	大麻
4	20歳	向精神薬

問　18　以下の記述は、政令第40条の5及び省令第13条の5に規定されている、毒物又は劇物の運搬方法に関するものである。（　）の中に入れるべき字句として正しい組み合わせを下から一つ選びなさい。

　劇物である硝酸を、車両を用いて1回につき8,000キログラム運搬するときは、車両に（　ア　）メートル平方の板に地を（　イ　）、文字を白色として、（　ウ　）と表示した標識を、車両の前後の見やすい箇所に掲げなければならない。

	ア	イ	ウ
1	0.5	赤色	「毒」
2	0.3	黒色	「毒」
3	0.3	赤色	「劇」
4	0.5	黒色	「劇」

問 19 以下の記述は、運搬業者が車両を使用して1回につき5,000キログラムの塩素を運搬する際に、当該車両に備えなければならない省令で定める保護具を示したものである。( )の中に入れるべき字句を下から一つ選びなさい。

保護手袋、保護長ぐつ、保護衣、( )

1 酸性ガス用防毒マスク　　2 有機ガス用防毒マスク
3 普通ガス用防毒マスク　　4 アンモニア用防毒マスク

問 20 以下の記述は、毒物又は劇物の廃棄の方法に関する政令第 40 条の条文の一部である。( )の中に入れるべき字句の正しい組み合わせを下から一つ選びなさい。

一 (ア)、加水分解、酸化、還元、稀釈その他の方法により、毒物及び劇物並びに法第11条第2項に規定する政令で定める物のいずれにも該当しない物とすること。

二 ガス体又は揮発性の毒物又は劇物は、保健衛生上危害を生ずるおそれがない場所で、少量ずつ放出し、又は揮発させること。

三 可燃性の毒物又は劇物は、保健衛生上危害を生ずるおそれがない場所で、少量ずつ(イ)させること。

四 前各号により難い場合には、地下1メートル以上で、かつ、(ウ)を汚染するおそれがない地中に確実に埋め、海面上に引き上げられ、若しくは浮き上がるおそれがない方法で海水中に沈め、又は保健衛生上危害を生ずるおそれがないその他の方法で処理すること。

	ア	イ	ウ
1	中和	蒸発	土壌
2	濃縮	蒸発	地下水
3	中和	燃焼	地下水
4	濃縮	燃焼	土壌

問 21 毒物劇物営業者が毒物又は劇物を販売又は授与する際の情報提供に関する以下の記述のうち、正しいものの組み合わせを下から一つ選びなさい。

ア 毒物劇物営業者は、毒物又は劇物の譲受人に対し、既に当該毒物又は劇物の性状及び取扱いに関する情報を提供していたとしても、販売する際には必ず情報提供しなければならない。

イ 譲受人の承諾があれば、情報提供の方法は必ずしも文書の交付でなくてもよい。

ウ 提供した毒物又は劇物の性状及び取扱いに関する情報の内容に変更が生じたときは、速やかに、販売した譲受人に対し、変更後の性状及び取扱いに関する情報を提供するよう努めなければならない。

エ 毒物劇物営業者は、1回につき200ミリグラム以下の毒物を販売する場合、譲受人に対して情報提供を省略できる。

1 (ア、ウ)　2 (ア、エ)　3 (イ、ウ)　4 (イ、エ)

問 22 以下のうち、政令第40条の9及び省令第13条の12の規定により、毒物劇物営業者が毒物又は劇物を販売し、又は授与する時までに、譲受人に対し提供しなければならない情報の内容について、正しいものの組み合わせを下から一つ選びなさい。

ア 盗難・紛失時の措置　　イ 取扱い及び保管上の注意
ウ 毒物劇物取扱責任者の氏名　　エ 応急措置

1 (ア、イ)　2 (ア、ウ)　3 (イ、エ)　4 (ウ、エ)

問 23 以下の記述は、法律第 16 条の２第１項の条文である。(　　)の中に入れるべき字句の正しい組み合わせを下から一つ選びなさい。

法律第 16 条の２第１項
　毒物劇物営業者及び特定毒物研究者は、その取扱いに係る毒物若しくは劇物又は第 11 条第２項に規定する政令で定める物が飛散し、漏れ、流れ出、しみ出、又は地下にしみ込んだ場合において、不特定又は多数の者について保健衛生上の危害が生ずるおそれがあるときは、(　ア　)、その旨を(　イ　)、警察署又は(　ウ　)に届け出るとともに、保健衛生上の危害を防止するために必要な応急の措置を講じなければならない。

	ア	イ	ウ
1	直ちに	労働基準監督署	消防機関
2	３日以内に	労働基準監督署	医療機関
3	直ちに	保健所	消防機関
4	３日以内に	保健所	医療機関

問 24 法律第 17 条に規定されている、立入検査等に関する以下の記述について、誤っているものを下から一つ選びなさい。

1　都道府県知事は、保健衛生上必要があると認めるときは、毒物又は劇物の販売業者から必要な報告を徴することができる。
2　毒物劇物監視員は、薬事監視員のうちからあらかじめ指定されている。
3　毒物劇物監視員は、その身分を示す証票を携帯し、関係者から請求があるときは、証票を提示しなければならない。
4　都道府県知事は、犯罪捜査上必要があると認めるときは、毒物劇物監視員に、毒物又は劇物の販売店舗に立ち入り、試験のために必要な最小限度の分量に限り、毒物又は劇物を収去させることができる。

問 25 以下のうち、法律第 22 条第１項の規定により、業務上取扱者の届出を要する事業として、定められていないものを一つ選びなさい。

1　砒(ひ)素化合物を用いて、しろあり防除を行う事業
2　水酸化ナトリウムを用いて、清掃を行う事業
3　シアン化ナトリウムを用いて、金属熱処理を行う事業
4　最大積載量が 5,000 キログラム以上のタンクローリーを用いて、臭素の運搬を行う事業

〔基礎化学編〕

【平成 27 年度実施】

(一般・農業用品目・特定品目共通)

問 26 以下の物質の組み合わせのうち、互いに同素体であるものを一つ選びなさい。

1 一酸化炭素と二酸化炭素　　2 オゾンと酸素
3 水とエタノール　　4 金と白金

問 27 物質の三態に関する以下の記述の正誤について、正しい組み合わせを下から一つ選びなさい。

ア 気体が固体になる変化を昇華という。
イ 液体が固体になる変化を凝縮という。
ウ 液体が気体になる変化を蒸発という。
エ 固体が液体になる変化を潮解という。

	ア	イ	ウ	エ
1	正	正	誤	正
2	正	誤	正	誤
3	誤	正	正	正
4	誤	誤	正	誤

問 28 以下の記述について、（ ）の中に入れるべき数字を下から一つ選びなさい。

pH 2の塩酸の水素イオン濃度は、pH 3の塩酸の水素イオン濃度の（ ）倍である。

1 0.1　　2 1.5　　3 10　　4 100

問 29 以下の塩のうち、その水溶液にフェノールフタレイン溶液を滴下したとき、赤色に呈色するものとして、最も適当なものを一つ選びなさい。

1 塩化ナトリウム　　2 酢酸ナトリウム
3 硝酸カリウム　　4 塩化アンモニウム

問 30 以下の分子のうち、イオン結合でできているものを一つ選びなさい。

1 塩化ナトリウム　　2 二酸化ケイ素
3 二酸化炭素　　4 水

問 31 以下の化学反応式のうち、酸化還元反応でないものを一つ選びなさい。

1 $2\ Na + 2\ H_2O \rightarrow 2\ NaOH + H_2$
2 $2\ KI + Br_2 \rightarrow 2\ KBr + I_2$
3 $2\ CO + O_2 \rightarrow 2\ CO_2$
4 $HNO_3 + NaOH \rightarrow NaNO_3 + H_2O$

問 32 タンパク質の性質に関する以下の記述について、（ ）の中に入れるべき字句を下から一つ選びなさい。

タンパク質溶液に水酸化ナトリウム水溶液を加えてアルカリ性にした後、薄い硫酸銅（II）水溶液を少量加えると、赤紫色になる。この反応を（ ）という。

1 ニンヒドリン反応　　2 ビウレット反応
3 キサントプロテイン反応　　4 ペプチド反応

問 33 化合物とその官能基に関する以下の組み合わせについて、誤っているものを一つ選びなさい。

化合物　　官能基
1 安息香酸 － －COOH

2　アセトン　－　－CHO
3　フェノール　－　－OH
4　アニリン　－　－NH_2

問　34　以下のうち、アルカリ金属元素であるものを一つ選びなさい。

1　Al　　2　Mg　　3　Ca　　4　Na

問　35　以下のうち、赤色の炎色反応を示すものを一つ選びなさい。

1　Li　　2　Ba　　3　Na　　4　Cu

問　36　以下のうち、メタン分子（CH_4）の構造について、正しいものを一つ選びなさい。

1　直線形　　2　正四面体形　　3　折れ線形　　4平面四角形

問　37　中和に関する以下の記述について、（　）の中に入れるべき数字を下から一つ選びなさい。

2mol/L の塩酸 300mL を中和するのに必要な 5mol/L の水酸化バリウム水溶液は（　）mL である。

1　30　　2　60　　3　120　　4　240

問　38　以下のうち、白金電極を用いて硝酸銀水溶液を電気分解した場合、陽極で発生するものについて、正しいものを一つ選びなさい。

1　H_2　　2　O_2　　3　Ag　　4　N_2

問　39　生成熱に関する以下の記述について、（　）の中に入れるべき字句を下から一つ選びなさい。

二酸化炭素 0.5mol が生成するとき、（　）される。
なお、二酸化炭素の生成熱は次の熱化学方程式で表される。

C（黒鉛）＋ O_2（気）＝ CO_2（気）＋ 394kJ

1　394kJ が放出　　2　394kJ が吸収
3　197kJ が放出　　4　197kJ が吸収

問　40　以下の化学反応式について、（　）の中に入れるべき係数の正しい組み合わせを下から一つ選びなさい。

（ア）Al＋（イ）HCl →（ウ）$AlCl_3$＋（エ）H_2

	ア	イ	ウ	エ
1	1	3	1	2
2	1	6	2	2
3	2	3	1	3
4	2	6	2	3

【平成28年度実施】

（一般・農業用品目・特定品目共通）

問 26 以下のうち、同素体の関係として、誤っているものの組み合わせを一つ選びなさい。

	ア		イ
1	メタノール	—	エタノール
2	ダイヤモンド	—	黒鉛
3	酸素	—	オゾン
4	黄燐（りん）	—	赤燐（りん）

問 27 以下の物質のうち、混合物であるものを一つ選びなさい。

1 水　2 海水　3 塩素　4 ナトリウム

問 28 以下の法則に関する記述のうち、ヘスの法則を示したものを一つ選びなさい。

1 一定量の気体の体積は、圧力に反比例し、絶対温度に比例する。
2 物質が変化するとき発生又は吸収する熱量（反応熱）は、変化する前の状態と変化した後の状態だけで決まり、変化の過程には無関係である。
3 一定温度で、溶解度の小さい気体が一定量の溶媒に溶けるとき、気体の溶解量（物質量、質量）はその圧力に比例する。
4 化学反応によってある物質が生成するとき、その反応前後において、全質量に関しては増減がない。

問 29 中和に関する以下の記述について、（　）の中に入れるべき数字を下から一つ選びなさい。

硫酸（分子量 98.0）19.6 gを過不足なく中和するのに必要な水酸化カルシウム（式量 74.0）の量は（　）gである。

1 7.4　2 14.8　3 22.2　4 29.6

問 30 酸化数に関する以下の記述について、（　）の中に入れるべき数字の正しい組み合わせを下から一つ選びなさい。

過マンガン酸カリウム $KMnO_4$ 中のマンガン原子Mnと硝酸イオン NO_3^- 中の窒素原子Nの酸化数はそれぞれ（ア）と（イ）である。

	ア	イ
1	－7	＋5
2	＋7	－5
3	－7	－5
4	＋7	＋5

問 31 以下のうち、ハロゲン元素であるものを一つ選びなさい。

1 He　2 I　3 P　4 N

問 32 アルカンに関する以下の記述のうち、正しいものの組み合わせを下から一つ選びなさい。

ア 室温において、炭素原子の数が6以上の直鎖アルカンは気体である。
イ 分子式 C_6H_{14} のアルカンの構造異性体は5種類である。
ウ メタン分子は立方体の形をしている。
エ C_3H_8 はプロパンである。

1（ア、イ）　2（ア、ウ）　3（イ、エ）　4（ウ、エ）

問 33 エタノールの反応に関する以下の記述について、(　　)の中に入れるべき字句の正しい組み合わせを下から一つ選びなさい。なお、同じ記号の(　　)内には同じ字句が入ります。

エタノールに希硫酸と二クロム酸カリウムを加えて熱すると(ア)を発生する。(ア)は水に溶けやすく、容易に酸化されて(イ)になる。また、エタノールに濃硫酸を加えて160℃～170℃に熱すると、(ウ)を生じる。

	ア	イ	ウ
1	アセトアルデヒド	酢酸	エチレン
2	ホルムアルデヒド	ぎ酸	エチレン
3	アセトアルデヒド	ぎ酸	ジエチルエーテル
4	ホルムアルデヒド	酢酸	ジエチルエーテル

問 34 分解速度に関する以下の記述について、(　　)の中に入れるべき数字を下から一つ選びなさい。

ある温度で、少量の酸化マンガン(Ⅳ) MnO_2 に 1.0mol/L 過酸化水素 H_2O_2 水溶液 80.0cm^3 を加えると、酸素 O_2 が 20 秒間に 2.0×10^{-3}mol 発生した。
この間の H_2O_2 の分解速度は(　　)mol/(L･s)である。

1 1.25×10^{-3}　　2 2.5×10^{-3}
3 4.0×10^{-3}　　4 8.0×10^{-3}

問 35 以下のうち、官能基($-NH_2$)の名称として、正しいものを一つ選びなさい。

1 ニトロ基　　2 アミノ基　　3 スルホ基　　4 ヒドロキシ基

問 36 以下の物質のうち、共有結合でできているものを一つ選びなさい。

1 アンモニア　　2 塩化ナトリウム　　3 アルミニウム　　4 フッ化カリウム

問 37 物質の三態に関する以下の記述のうち、<u>誤っているもの</u>を一つ選びなさい。

1 液体が気体になる変化を蒸発という。　2 固体が液体になる変化を融解という。
3 気体が固体になる変化を凝集という。　4 気体が液体になる変化を凝縮という。

問 38 以下の気体のうち、同じ質量を取ったとき、同温同圧下で体積が最大になるものを一つ選びなさい。

1 水素　　2 二酸化炭素　　3 アンモニア　　4 塩素

問 39 以下のうち、金属をイオン化傾向の大きい順に並べたものとして、正しいものを一つ選びなさい。

1 Ｋ＞Ｎａ＞Ｍｇ＞Ｃｕ　　2 Ｚｎ＞Ｃｕ＞Ｎａ＞Ｋ
3 Ｎａ＞Ｃｕ＞Ｋ＞Ｍｇ　　4 Ｍｇ＞Ｚｎ＞Ｋ＞Ｎａ

問 40 以下の芳香族化合物のうち、フェノール類でもありカルボン酸でもあるものを一つ選びなさい。

1 安息香酸　　2 フタル酸　　3 サリチル酸　　4 テレフタル酸

【平成29年度実施】

（一般・農業用品目・特定品目共通）

問 26 以下の記述の正誤について、正しい組み合わせを下から一つ選びなさい。

ア ダイヤモンド、水銀及び黒鉛は、単体である。
イ 牛乳及び石油は、混合物である。
ウ ドライアイス、塩化ナトリウム及びメタンは、化合物である。

	ア	イ	ウ
1	正	正	正
2	正	正	誤
3	正	誤	正
4	誤	正	正

問 27 物質の三態に関する以下の記述のうち、誤っているものを一つ選びなさい。

1 液体が気体になる変化を蒸発という。
2 固体が液体になる変化を融解という。
3 気体が固体になる変化を昇華という。
4 気体が液体になる変化を凝固という。

問 28 以下の記述のうち、ヘンリーの法則を示したものを一つ選びなさい。

1 一定量の気体の体積は、圧力に反比例し、絶対温度に比例する。
2 物質が変化するとき発生又は吸収する熱量(反応熱)は、変化する前の状態と変化した後の状態だけで決まり、変化の過程には無関係である。
3 一定温度で、溶解度の小さい気体が一定量の溶媒に溶けるとき、気体の溶解量(物質量、質量)はその圧力に比例する。
4 化学反応によってある物質が生成するとき、その反応前後において、物質の総質量は変化しない。

問 29 以下のうち、絶対温度280 Kの水素10 Lを、同圧下で絶対温度308 Kとしたときの体積として適当なものを一つ選びなさい。

1 10 L　　2 11 L　　3 38 L　　4 50 L

問 30 以下の物質の水溶液のうち、青色リトマス紙を赤変させるものを一つ選びなさい。

1 塩化アンモニウム　　2 酢酸ナトリウム
3 炭酸水素ナトリウム　　4 炭酸カリウム

問 31 以下のうち、質量パーセント濃度30 %の硫酸50mLに水を加えて、300mLとしたときの硫酸の質量パーセント濃度として適当なものを一つ選びなさい。

1 5 %　　2 6 %　　3 10 %　　4 12 %

問 32 以下のうち、分子量が一番小さいものを一つ選びなさい。

1 ジエチルエーテル　　2 フェノール
3 ブタン　　4 アセトアルデヒド

問 33 以下の化学反応式について、(　)の中に入れるべき係数の正しい組み合わせを下から一つ選びなさい。

(ア)Al ＋(イ)H_2SO_4 → (ウ)$Al_2(SO_4)_3$ ＋(エ)H_2

	ア	イ	ウ	エ
1	2	3	1	3
2	2	3	2	6
3	4	6	2	1
4	4	3	1	2

問 34 以下のうち、0.1mol/L の硫酸 10mL を中和するのに必要な 0.05mol/L の水酸化ナトリウム水溶液の量として、正しいものを一つ選びなさい。

1 10mL　2 20mL　3 40mL　4 100mL

問 35 以下のうち、100ppm を％に換算した場合の値として、正しいものを一つ選びなさい。

1 0.000001％　2 0.0001％　3 0.01％　4 1％

問 36 以下のうち、ｐＨ２の塩酸をｐＨ４にするには水で何倍に希釈すればよいか、最も適当なものを下から一つ選びなさい。

1 2倍　2 4倍　3 10倍　4 100倍

問 37 以下のうち、誤っているものを一つ選びなさい。

1 酸化物が酸素を失う変化を還元反応という。
2 酸化還元反応には、電子の授受を伴い、ある物質が電子を失うとき、その物質は酸化されたという。
3 他の物質を酸化するはたらきのある物質を酸化剤といい、酸化還元反応が起こると、その物質自身も酸化される。
4 金属が水又は水溶液中にあるとき、陽イオンになろうとする傾向を金属のイオン化傾向という。

問 38 元素の炎色反応に関する以下の組み合わせについて、誤っているものを一つ選びなさい。

	元素		色
1	Ｎａ	－	黄
2	Ｌｉ	－	赤
3	Ｃｕ	－	橙
4	Ｋ	－	赤紫

問 39 以下のハロゲン単体のうち、酸化力の大きい順に並べたものとして、正しいものを一つ選びなさい。

1 F_2 ＞ Cl_2 ＞ Br_2 ＞ I_2
2 Cl_2 ＞ F_2 ＞ I_2 ＞ Br_2
3 Cl_2 ＞ F_2 ＞ Br_2 ＞ I_2
4 I_2 ＞ Br_2 ＞ Cl_2 ＞ F_2

問 40 以下のうち、芳香族炭化水素でないものを一つ選びなさい。

1 ホルムアルデヒド　2 トルエン　3 安息香酸　4 フェノール

【平成30年度実施】

(一般・農業用品目・特定品目共通)

問　26　以下の物質の組み合わせのうち、互いに異性体であるものを一つ選びなさい。

1　アセチレンとアセトン　　2　エタノールとジメチルエーテル
3　エチレンとプロピレン　　4　プロパンとブタン

問　27　原子の構造に関する以下の記述の正誤について、正しい組み合わせを下から一つ選びなさい。

ア　原子の中心には原子核がある。
イ　原子核は正の電気を帯びた陽子と負の電気を帯びた電子からできている。
ウ　中性子は電気を帯びていない。
エ　原子では、電子の数と陽子の数は異なり、電気的に中性ではない。

	ア	イ	ウ	エ
1	正	正	誤	誤
2	正	誤	正	誤
3	正	誤	誤	正
4	誤	正	正	正

問　28　コロイド溶液の性質に関する以下の記述について、(　　)の中に入れるべき字句を下から一つ選びなさい。

コロイド溶液に横から強い光を当てると、光の通路がはっきりと観察できる。これを(　　)という。

1　ブラウン運動　　2　電気泳動　　3　チンダル現象　　4　凝析

問　29　物質の化学結合に関する以下の記述の正誤について、正しい組み合わせを下から一つ選びなさい。

ア　イオン結合は弱い結合であり、融点・沸点は低いものが多い。
イ　非金属元素の原子間は、おもに共有結合で結ばれ、分子をつくることが多い。
ウ　多数の分子が規則正しく配列してできた結晶を、分子結晶という。
エ　非共有電子対をもった分子や陰イオンが配位結合してできたイオンを錯イオンという。

	ア	イ	ウ	エ
1	正	正	誤	誤
2	正	誤	正	誤
3	誤	正	正	正
4	誤	誤	誤	誤

問　30　タンパク質の性質に関する以下の記述について、(　　)の中に入れるべき字句を下から一つ選びなさい。

分子内にベンゼン環をもつタンパク質水溶液に濃硝酸を加えて加熱すると黄色沈殿を生じ、冷却後、アンモニア水などを加えて塩基性にすると橙黄色になる。この反応を(　　)という。

1　ニンヒドリン反応　　2　ビウレット反応　　3　キサントプロテイン反応
4　硫黄の検出反応

問　31　以下の記述について、(　　)の中に入れるべき数値を下から一つ選びなさい。

0.02 %を ppm に換算すると(　　)ppm である。

1　20　　2　200　　3　2,000　　4　20,000

問　32　以下のうち、金属をイオン化傾向の大きい順に並べたものとして正しいものを一つ選びなさい。

1　Ｋ＞Ｚｎ＞Ｎａ＞Ａｇ　　2　Ｍｇ＞Ｎｉ＞Ｚｎ＞Ｐｂ
3　Ｋ＞Ｎａ＞Ｚｎ＞Ｃｕ　　4　Ｈｇ＞Ｆｅ＞Ｍｇ＞Ｃａ

問　33　以下の化学反応式のうち、下線部の物質が還元剤としてはたらいているものを一つ選びなさい。

1　$\underline{Cu} + 2H_2SO_4 \rightarrow CuSO_4 + SO_2 + 2H_2O$
2　$\underline{MnO_2} + 4HCl \rightarrow MnCl_2 + Cl_2 + 2H_2O$
3　$\underline{HCl} + NH_3 \rightarrow NH_4Cl$
4　$\underline{H_2O_2} + 2KI + H_2SO_4 \rightarrow I_2 + 2H_2O + K_2SO_4$

問　34　有機化合物に関する以下の組み合わせについて、いずれも芳香族カルボン酸であるものを一つ選び記入しなさい。

1　安息香酸－酢酸　　2　安息香酸－サリチル酸
3　フェノール－サリチル酸　　4　フェノール－酢酸

問　35　以下のうち、ハロゲン単体の一般的性質として<u>誤っているもの</u>を一つ選びなさい。

1　すべて二原子分子からなり、有色である。
2　原子番号が大きいほど融点及び沸点が高い。
3　強い酸化力をもち、その強さは原子番号が大きいほど強い。
4　多くの元素と化合してハロゲン化合物をつくりやすい。

問　36　炎色反応に関する以下の組み合わせについて、<u>誤っているもの</u>を一つ選びなさい。

	元素	炎色反応の色
1	Li	赤
2	Ca	橙赤
3	Cu	青緑
4	K	黄

問　37　以下の記述について、（　　）の中に入れるべき数値を下から一つ選びなさい。

25％塩酸 50mL に水を加えて 10％塩酸を作るには、全量を（　　）mL にする。

1　125　　2　150　　3　250　　4　500

問　38　以下の記述について、（　　）の中に入れるべき数値を下から一つ選びなさい。

ｐＨ＝６の水溶液の水素イオン濃度は、ｐＨ＝３の水溶液の水素イオン濃度の（　）倍である。

1　0.001　　2　0.01　　3　2.0　　4　1,000

問　39　以下のうち、炭素電極を用いて塩化ナトリウム水溶液を電気分解した場合、陽極で発生するものについて、正しいものを一つ選びなさい。

1　H_2　　2　O_2　　3　H_2O　　4　Cl_2

問　40　以下の記述について、（　　）の中に入れるべき数値を下から一つ選びなさい。原子量はＨ＝1.0、Ｏ＝16.0、Ｓ＝32.0とする。

質量パーセント濃度が 49％、密度が 1.2 g/cm^3 の硫酸水溶液のモル濃度は、（　　）mol/L である。

1　1.5　　2　3.0　　3　6.0　　4　58.8

【令和元年度実施】

九州全県・沖縄県統一共通①〔福岡県、沖縄県〕

（一般・農業用品目・特定品目共通）

問 26 以下の物質のうち、単体であるものを一つ選びなさい。

1 石油　　2 オゾン　　3 水　　4 アンモニア

問 27 法則に関する以下の記述の正誤について、正しい組み合わせを下から一つ選びなさい。

ア 一定温度で、溶解度の小さい気体が一定量の溶媒に溶けるとき、気体の溶解量（物質量、質量）はその圧力に比例することをヘスの法則という。
イ 一定量の気体の体積は、圧力に反比例し、絶対温度に比例することをボイル・シャルルの法則という。
ウ 化学反応によってある物質が生成するとき、その反応前後において、物質の総質量は変化しないことを質量保存の法則という。
エ 物質が変化するとき発生又は吸収する熱量（反応熱）は、変化する前の状態と変化した後の状態だけで決まり、変化の過程には無関係であることをヘンリーの法則という。

	ア	イ	ウ	エ
1	正	正	正	正
2	正	誤	誤	誤
3	誤	正	正	誤
4	誤	誤	正	誤

問 28 以下の現象を表す用語について、正しい組み合わせを下から一つ選びなさい。

ア ヨウ素を穏やかに熱すると、紫色の気体が生じる。
イ 寒い日にバケツの水が凍る。
ウ 氷が溶けて水になる。

	ア	イ	ウ
1	蒸発	凝固	溶解
2	蒸発	凝縮	融解
3	昇華	凝縮	溶解
4	昇華	凝固	溶解

問 29 以下のうち、密度が 1.04g ／ cm^3 である 5.0 ％水酸化ナトリウム水溶液の質量モル濃度として最も適当なものを一つ選びなさい。なお、水酸化ナトリウムの分子量を 40 とする。

1 0.0132mol/kg　　2 0.132mol/kg
3 1.32mol/kg　　4 13.2mol/kg

問 30 疎水コロイドに関する以下の記述のうち、正しいものの組み合わせを下から一つ選びなさい。

ア 親水コロイドに比べ、コロイド粒子に吸着している水分子は多量である。
イ 親水コロイドに比べ、少量の電解質で凝析する。
ウ 親水コロイドに比べ、チンダル現象がはっきり現れる。
エ 親水コロイドに比べ、電気泳動の移動速度は小さい。

1（ア、ウ）　2（ア、エ）　3（イ、ウ）　4（イ、エ）

問 31 塩の種類と化合物の関係について、正しい組み合わせを下から一つ選びなさい。

	塩の種類		化合物
ア	正塩（中性塩）	−	塩化マグネシウム
イ	酸性塩	−	硫酸水素ナトリウム
ウ	酸性塩	−	炭酸ナトリウム
エ	塩基性塩	−	リン酸二水素ナトリウム

1（ア、イ）　2（ア、エ）　3（イ、ウ）　4（ウ、エ）

問 32 中和に関する以下の記述について、（　　）の中に入れるべき数字を下から一つ選びなさい。

0.05mol/L のシュウ酸水溶液 10mL を中和するのに必要な水酸化ナトリウム水溶液が 10mL としたときの水酸化ナトリウム水溶液の濃度は（　　）mol/L である。

1　0.01　　2　0.05　　3　0.10　　4　0.50

問 33 アルカリ金属に関する以下の記述のうち、誤っているものを一つ選びなさい。

1　アルカリ金属は、水素以外の１族元素をいい、すべて１個の価電子をもつ。
2　アルカリ金属は、原子番号が大きいほどイオン化エネルギーは大きくなる。
3　アルカリ金属は、空気や水と激しく反応するので、石油中に保存する。
4　アルカリ金属は、特有の炎色反応を示す。

問 34 以下の化合物のうち、酸化剤として働くものを一つ選びなさい。

1　ヨウ化カリウム　　2　硫化水素
3　チオ硫酸ナトリウム　　4　希硝酸

問 35 以下の化合物の 0.01mol/L 水溶液について、ｐＨが小さいものから順に並べたものとして正しいものを一つ選びなさい。

1　硫酸　＜酢酸　＜　炭酸水素ナトリウム　＜　炭酸ナトリウム
2　酢酸　＜硫酸　＜　炭酸水素ナトリウム　＜　炭酸ナトリウム
3　硫酸　＜酢酸　＜　炭酸ナトリウム　＜　炭酸水素ナトリウム
4　酢酸　＜硫酸　＜　炭酸ナトリウム　＜　炭酸水素ナトリウム

問 36 アルコールの脱水反応に関する以下の記述について、（　　）の中に入れるべき字句の正しい組み合わせを下から一つ選びなさい。

アルコールの脱水反応は（　ア　）アルコール＞第二級アルコール＞（　イ　）アルコールの順に反応しやすい。アルコールに濃硫酸を加え、約 160 〜 170 ℃に加熱すると、（　ウ　）が生成する。

	ア	イ	ウ
1	第一級	第三級	アルケン
2	第一級	第三級	エーテル
3	第三級	第一級	アルケン
4	第三級	第一級	エーテル

問 37 0.05mol のプロパンを完全燃焼させたときに生じる二酸化炭素の重量として適当なものを下から一つ選びなさい。なお、化学反応式は以下のとおりであり、原子量は H = 1 、C = 12、O = 16 とする。

$C_3H_8 + 5O_2 \rightarrow 3CO_2 + 4H_2O$

1　0.003g　　2　2.2g　　3　6.6g　　4　293g

問 38 セッケンに関する以下の記述の正誤について、正しい組み合わせを下から一つ選びなさい。

ア　セッケンは、油脂に強塩基を加えてけん化することによってできる。
イ　逆性セッケンは、洗浄力が強く洗濯用洗剤として使用されている。
ウ　セッケンの洗浄作用は、疎水性部分を油汚れの方に、親水性部分を水の方に向けてミセルを形成し水中に分散させることによる。
エ　セッケンを Ca^{2+} や Mg^{2+} を多く含む水で使用すると洗浄力が低下する。

	ア	イ	ウ	エ
1	正	正	誤	誤
2	正	誤	正	正
3	正	誤	正	誤
4	誤	正	正	正

問 39 官能基とその名称に関する以下の組み合わせについて、誤っているものを一つ選びなさい。

	官能基		名称
1	－COOH	－	カルボキシ基
2	－CHO	－	アルデヒド基
3	$-NH_2$	－	アミノ基
4	$-SO_3H$	－	ケトン基

問 40 以下の記述のうち、誤っているものを一つ選びなさい。

1　不純物を含む溶液を温度による溶解度の変化や溶媒を蒸発させることにより、不純物を除いて、目的物質の結晶を得ることを再結晶という。
2　一般的に、溶液の蒸気圧は、純粋な溶媒よりも下がる。このような現象を蒸気圧降下という。
3　一般的に、溶液の沸点は、純粋な溶媒よりも高くなる。このような現象を沸点上昇という。
4　一般的に、溶液の凝固点は、純粋な溶媒の凝固点に比べて高い。このような現象を凝固点上昇という。

九州全県・沖縄県統一共通②〔佐賀県、長崎県、熊本県、大分県、宮崎県、鹿児島県〕

（一般・農業用品目・特定品目共通）

問 26 以下の物質のうち、互いに同素体であるものの組み合わせを下から一つ選びなさい。

ア ナトリウム　　イ 黒鉛　　ウ 亜鉛　　エ ダイヤモンド

1（ア、イ）　2（ア、ウ）　3（イ、エ）　4（ウ、エ）

問 27 混合物の分離方法に関する以下の関係の正誤について、正しい組み合わせを下から一つ選びなさい。

	操作		方法
ア	水とエタノールの混合物から水を取り出す	ー	ろ過
イ	硫酸銅から不純物の塩化ナトリウムを取り除く	ー	昇華
ウ	石油からガソリンや灯油を取り出す	ー	分留
エ	砂と塩化ナトリウム水溶液の混合物から砂を取り除く	ー	抽出

	ア	イ	ウ	エ
1	正	正	正	正
2	正	正	誤	誤
3	誤	正	正	誤
4	誤	誤	正	誤

問 28 以下の現象を表す記述の正誤について、正しい組み合わせを下から一つ選びなさい。

ア 液体が気体になる変化を昇華という。
イ 液体が固体になる変化を凝縮という。
ウ 固体が液体になる変化を風解という。
エ 固体が気体になる変化を蒸発という。

	ア	イ	ウ	エ
1	正	正	誤	正
2	正	正	誤	誤
3	誤	正	正	誤
4	誤	誤	誤	誤

問 29 水素イオン濃度に関する以下の記述について、（　）の中に入れるべき字句の正しい組み合わせを下から一つ選びなさい。

pH 4の水溶液の水素イオン濃度は、pH 6の水溶液の水素イオン濃度の（ ア ）であり、液性は（ イ ）である。

	ア	イ
1	1.5倍	酸性
2	1.5倍	塩基性
3	100倍	酸性
4	100倍	塩基性

問 30 以下の記述のうち、正しいものの組み合わせを下から一つ選びなさい。

ア　触媒は、反応の前後において自身が変化し、化学反応の速さを変化させる。
イ　反応物が活性化状態に達するのに必要な最小のエネルギーのことを活性化エネルギーという。
ウ　反応物の濃度は、化学反応の速さに影響を与えない。
エ　物質が変化するときの反応熱の総和は、変化する前と変化した後の物質の種類と状態で決まり、反応経路や方法には関係しない。

1（ア、イ）　2（ア、ウ）　3（イ、エ）　4（ウ、エ）

問 31 金属元素と炎色反応の関係について、正しい組み合わせを下から一つ選びなさい。

	金属元素	炎色反応
ア	リチウム	黄色
イ	ナトリウム	赤色
ウ	カリウム	紫色
エ	銅	青緑色

1（ア、イ）　2（ア、エ）　3（イ、ウ）　4（ウ、エ）

問 32 以下の記述について、（　）の中に入れるべき数字として最も近いものを下から一つ選びなさい。なお、原子量は、H＝1、O＝16、Na＝23とする。

水２Lに水酸化ナトリウムを（　）g秤量して溶かし、水酸化ナトリウム水溶液のモル濃度を0.4mol/Lに調製した。

1 0.2　　2 0.8　　3 8　　4 32

問 33 非金属元素に関する以下の記述のうち、誤っているものを一つ選びなさい。

1　ハロゲンの単体は、強い還元力をもつ。
2　ハロゲンの原子は、一価の陰イオンになりやすい。
3　希ガスは常温常圧では、単原子分子の気体として存在する。
4　希ガスの原子は、他の原子と反応しにくく、極めて安定である。

問 34 以下の記述のうち、酸化還元反応が起こっているものを一つ選びなさい。

1　シリカゲルは水をよく吸収するので、乾燥剤として利用されている。
2　鉄の粉末はよく振ると発熱するので、使い捨てカイロなどに利用されている。
3　炭酸水素ナトリウムは加熱すると二酸化炭素を発生するので、ベーキングパウダーとして製菓などに利用されている。
4　酸化カルシウムは水と反応すると発熱するので、食品の加温などに利用されている。

問 35 燃料電池に関する以下の記述について、（　）の中に入れるべき字句の正しい組み合わせを下から一つ選びなさい。

リン酸型燃料電池では、負極に水素、正極に（ア）、電解質溶液にリン酸を用いている。また、この電池の放電に伴う生成物は主に（イ）である。

	ア	イ
1	窒素	二酸化炭素
2	窒素	水
3	酸素	二酸化炭素
4	酸素	水

問　36　以下の記述について、(　　)の中に入れるべき字句の正しい組み合わせを下から一つ選びなさい。なお、同じ記号の(　　)内には同じ字句が入ります。

硫化鉄に希塩酸を加えると(　ア　)が発生する。(　ア　)は水に溶けやすく 空気より重いため、(　イ　)置換法で捕集する。また、(　ア　)は酸性の溶液中でAg^{+}やPb^{2+}等と反応し、(　ウ　)沈殿を生じることから、金属イオンの検出や分析にも用いられる。

	ア	イ	ウ
1	二酸化硫黄	水上	黒色
2	二酸化硫黄	下方	赤色
3	硫化水素	水上	赤色
4	硫化水素	下方	黒色

問　37　8.8g のプロパンを完全燃焼させたときに生じる水の重量として最も適当なものを下から一つ選びなさい。なお、化学反応式は以下のとおりであり、原子量はH＝1、C＝12、O＝16とする。

$$C_3H_8 + 5O_2 \rightarrow 3CO_2 + 4H_2O$$

1　0.2g　　2　5.0g　　3　14.4g　　4　35.2g

問　38　窒素及び窒素化合物に関する以下の記述の正誤について、正しい組み合わせを下から一つ選びなさい。

ア　窒素は、空気中に体積比で約80％含まれ、常温常圧では無色・無臭の気体である。
イ　アンモニアは、水によく溶け、その溶液はフェノールフタレイン溶液を滴下すると赤色に呈色する。
ウ　一酸化窒素は、常温常圧では無色で水に溶けにくい気体である。
エ　二酸化窒素は、常温常圧では黄緑色で刺激臭のある有毒な気体である。

	ア	イ	ウ	エ
1	正	正	正	誤
2	正	誤	誤	正
3	正	誤	正	誤
4	誤	正	誤	誤

問　39　以下の記述について、(　)の中に入れるべき字句を下から一つ選びなさい。

サリチル酸はベンゼン環の水素原子が(　ア　)とフェノール性のヒドロキシ基に置換した化合物で、無水酢酸と反応させるとアセチルサリチル酸が生成する。アセチルサリチル酸は白色の固体で、(　イ　)として用いられる。

	ア	イ
1	カルボキシ基	整腸剤
2	カルボキシ基	解熱鎮痛剤
3	アミノ基	整腸剤
4	アミノ基	解熱鎮痛剤

問　40　以下のうち、<u>誤っているもの</u>を一つ選びなさい。

1　塩化ナトリウムのイオン結合は、陽イオンと陰イオンが静電気力によってお互いに引き合い、結合を形成している。
2　共有結合には、非金属元素の原子同士が不対電子を出し合い、電子対を共有することで結合を形成するものがある。
3　ダイヤモンドは、原子間で金属結合をしているため、非常に硬い。
4　水素結合は、共有結合より弱く、切れやすい。

〔性質・貯蔵・取扱編〕

【平成27年度実施】

（一般）

問題　以下の物質の代表的な用途について、最も適当なものを下から一つ選びなさい。

物　質　名	用途
水銀	問　41
フェノール	問　42
ジメチルアミン	問　43
アクリルアミド	問　44

1　サリチル酸、グアヤコール、ピクリン酸など種々の医薬品及び染料の製造原料として用いられるほか、防腐剤、ベークライト、人造タンニンの原料、試薬などにも使用される。
2　界面活性剤原料等に使用される。
3　工業用として寒暖計、気圧計その他の理化学機械、整流器等に使用される。
4　反応開始剤及び促進剤と混合し地盤に注入し、土木工事用の土質安定剤として用いるほか、水処理剤、紙力増強剤、接着剤等に用いられる物質の原料として使用する。

問題　以下の物質の性状として、最も適当なものを下から一つ選びなさい。

物　質　名	性状
アクロレイン	問　45
燐（りん）化水素	問　46
ジメチル－２・２－ジクロルビニルホスフェイト （別名　ジクロルボス、DDVP）	問　47
三酸化二砒（ひ）素	問　48

1　無色、結晶性の物質で、200 ℃に熱すると溶融せずに昇華する。
2　無色又は帯黄色の液体で刺激臭があり、引火性である。熱又は炎にさらしたときには、分解して毒性の高い煙が発生する。
3　刺激性で、微臭のある比較的揮発性の無色油状の液体である。
4　腐った魚の臭いのある無色の気体である。

問題　以下の物質の人体に対する代表的な中毒症状について、最も適当なものを下から一つ選びなさい。

物　質　名	中毒症状
トルエン	問　49
モノフルオール酢酸ナトリウム	問　50

クロルピクリン	問　51
シアン化水素	問　52

1　吸入すると、分解しないで組織内に吸収され、各器官に障害をあたえる。血液に入ってメトヘモグロビンをつくり、また中枢神経や心臓、眼結膜をおかし、肺にもそうとう強い障害をあたえる。
2　生体細胞内のＴＣＡサイクルの阻害(アコニターゼの阻害)によって、激しい嘔吐(おうと)が繰り返され、胃の疼痛(とうつう)を訴え、しだいに意識が混濁し、てんかん性けいれん、脈拍の遅緩がおこり、チアノーゼ、血圧下降をきたす。
3　きわめて猛毒で、希薄な蒸気でもこれを吸入すると、呼吸中枢を刺激し、麻痺(ひ)させる。
4　蒸気の吸入により頭痛、食欲不振等がみられる。大量では緩和な大赤血球性貧血をきたす。

問題　以下の物質の廃棄方法として、最も適当なものを下から一つ選びなさい。

物　質　名	廃棄方法
亜セレン酸ナトリウム	問　53
クロルピクリン	問　54
塩化チオニル	問　55
硝酸銀	問　56

1　水に溶かし、希硫酸を加えて酸性にし、硫化ナトリウム水溶液を加えて沈殿させ、さらにセメントを用いて固化し、埋立処分する。
2　多量のアルカリ水溶液に撹拌(かくはん)しながら少量ずつ加えて、徐々に加水分解させた後、希硫酸を加えて中和する。
3　水に溶かし、食塩水を加えて沈殿ろ過する。
4　少量の界面活性剤を加えた亜硫酸ナトリウムと炭酸ナトリウムの混合溶液中で、撹拌(かくはん)し分解させた後、多量の水で希釈して処理する。

問題　以下の物質の貯蔵方法として、最も適当なものを下から一つ選びなさい。

物　質　名	貯蔵方法
黄燐(りん)	問　57
ベタナフトール	問　58
水酸化ナトリウム	問　59
ブロムメチル（別名　臭化メチル）	問　60

1　空気や光線に触れると赤変するから、遮光してたくわえる。
2　空気に触れると発火しやすいので、水中に沈めて瓶に入れ、さらに砂を入れた缶中に固定して、冷暗所にたくわえる。
3　常温では気体なので、圧縮冷却して液化し、圧縮容器に入れ、直射日光その他、温度上昇の原因をさけて、冷暗所に貯蔵する。
4　炭酸ガスと水を吸収する性質が強いから、密栓してたくわえる。

（農業用品目）

問題　以下の物質の性状として、最も適当なものを下から一つ選びなさい。

物　質　名	性　状
Ｏ－エチル＝Ｓ・Ｓ－ジプロピル＝ホスホロジチオアート （別名　エトプロホス）	問　41
３－ジメチルジチオホスホリル－Ｓ－メチル－５－メトキシ－１・３・４－チアジアゾリン－２－オン （別名　メチダチオン、DMTP）	問　42
ジメチルジチオホスホリルフェニル酢酸エチル （別名　フェントエート、PAP）	問　43
エチレンクロルヒドリン （別名　２－クロルエチルアルコール、グリコールクロルヒドリン）	問　44

１　エーテル臭をもつ無色の液体。水、有機溶媒によく溶ける。
２　灰白色の結晶で水にわずかしか溶けないが、有機溶媒にはよく溶ける。
３　メルカプタン臭のある淡黄色透明液体。水にきわめて溶けにくい。有機溶媒に溶けやすい。
４　赤褐色、油状の液体で、芳香性刺激臭を有し、水に溶けない。

問題　以下の物質の代表的な用途について、最も適当なものを下から一つ選びなさい。

物　質　名	用　途
エチルパラニトロフェニルチオノベンゼンホスホネイト （別名　EPN）	問　45
５－メチル－１・２・４－トリアゾロ［３・４－b］ベンゾチアゾール （別名　トリシクラゾール）	問　46
２－ジフェニルアセチル－１・３－インダンジオン （別名　ダイファシノン）	問　47
１・１´－ジメチル－４・４´－ジピリジニウムジクロリド （別名　パラコート）	問　48

１　除草剤　　２　殺鼠剤　　３　殺虫剤　　４　殺菌剤

問題　以下の物質の人体に対する代表的な中毒症状について、最も適当なものを下から一つ選びなさい。

物　質　名	中毒症状
硫酸タリウム	問　49
モノフルオール酢酸ナトリウム	問　50
ブロムメチル （別名　臭化メチル）	問　51
ジメチル－２・２－ジクロルビニルホスフェイト （別名　ジクロルボス、DDVP）	問　52

1　コリンエステラーゼを阻害し、吸入した場合、倦怠感、頭痛、めまい、嘔吐、腹痛、下痢、多汗等の症状を呈し、はなはだしい場合には、縮瞳、意識混濁、全身けいれん等を起こすことがある。
2　疝痛、嘔吐、振戦、けいれん、麻痺等の症状に伴い、しだいに呼吸困難となり、虚脱症状となる。
3　生体細胞内のＴＣＡサイクルの阻害(アコニターゼの阻害)によって、激しい嘔吐が繰り返され、胃の疼痛を起こし、しだいに意識が混濁し、てんかん性けいれん、脈拍の遅緩がおこり、チアノーゼ、血圧下降をきたす。
4　蒸気は空気より重いため、吸入による中毒を起こしやすく、吸入した場合は、吐き気、嘔吐、頭痛、歩行困難、けいれん、視力障害、瞳孔拡大等の症状を起こすことがある。

問題　以下の物質の廃棄方法として、最も適当なものを下から一つ選びなさい。

物　質　名	廃棄方法
ジメチル－４－メチルメルカプト－３－メチルフェニルチオホスフェイト（別名 フェンチオン、MPP)	問　53
塩素酸ナトリウム	問　54
硫酸	問　55
クロルピクリン	問　56

1　木粉（おが屑）等に吸収させてアフターバーナー及びスクラバーを具備した焼却炉で焼却する。
2　少量の界面活性剤を加えた亜硫酸ナトリウムと炭酸ナトリウムの混合溶液中で、撹拌し分解させた後、多量の水で希釈して処理する。
3　還元剤の水溶液に希硫酸を加えて酸性にし、この中に少量ずつ投入する。反応終了後、反応液を中和し多量の水で希釈して処理する。
4　徐々に石灰乳などの撹拌溶液に加え中和させた後、多量の水で希釈して処理する。

問題　以下の物質の貯蔵方法として、最も適当なものを下から一つ選びなさい。

物　質　名	貯蔵方法
シアン化ナトリウム	問　57
ブロムメチル　(別名 臭化メチル)	問　58
燐化アルミニウムとその分解促進剤とを含有する製剤	問　59
ロテノン	問　60

1　常温では気体なので、圧縮冷却して液化し、圧縮容器に入れ、直射日光その他、温度上昇の原因をさけて、冷暗所に貯蔵する。
2　大気中の湿気に触れると、徐々に分解してホスフィンを発生するので、密閉した容器に貯蔵する。
3　酸素によって分解し、殺虫効力を失うので、空気と光を遮断して貯蔵する。
4　少量ならばガラス瓶、多量ならばブリキ缶あるいは鉄ドラムを用い、酸類とは離して、空気の流通のよい乾燥した冷所に密封してたくわえる。

（特定品目）

問題　以下の物質の代表的な用途について、最も適当なものを下から一つ選びなさい。

物　質　名	用　途
トルエン	問　41
クロム酸ナトリウム	問　42
硝酸	問　43
一酸化鉛	問　44

1　工業用として酸化剤、製革用に使用され、又、試薬に用いられる。
2　ニトロベンゾール、ニトログリセリンなどの爆薬の製造、セルロイド工業などに用いられる。
3　ゴムの加硫促進剤、顔料、試薬として用いられる。
4　爆薬、染料、香料、サッカリン、合成高分子材料などの原料、溶剤、分析用試薬などに用いられる。

問題　以下の物質の廃棄方法について、最も適当なものを下から一つ選びなさい。

物　質　名	廃棄方法
塩素	問　45
硅弗化（けいふっ）ナトリウム	問　46
重クロム酸アンモニウム	問　47
クロロホルム	問　48

1　水に溶かし、消石灰等の水溶液を加えて処理した後、希硫酸を加えて中和し、沈殿ろ過して埋立処分する。
2　多量のアルカリ水溶液中に吹き込んだ後、多量の水で希釈して処理する。
3　希硫酸に溶かし、還元剤の水溶液を過剰に用いて還元した後、消石灰、ソーダ灰等の水溶液で処理し、沈殿ろ過する。溶出試験を行い、溶出量が判定基準以下であることを確認して埋立処分する。
4　過剰の可燃性溶剤又は重油等の燃料と共にアフターバーナー及びスクラバーを具備した焼却炉の火室へ噴霧してできるだけ高温で焼却する。

問題　以下の物質の人体に対する代表的な中毒症状について、最も適当なものを下から一つ選びなさい。

物　質　名	中毒症状
トルエン	問　49
水酸化カリウム	問　50
クロロホルム	問　51
塩素	問　52

1　粘膜接触により刺激症状を呈し、目、鼻、咽喉(いんこう)及び口腔粘膜に障害をあたえる。吸入により、窒息感、喉頭及び気管支筋の強直をきたし、呼吸困難におちいる。
2　蒸気の吸入により頭痛、食欲不振等がみられる。大量では緩和な大赤血球性貧血をきたす。
3　吸収されると、はじめは嘔吐(おうと)、瞳孔の縮小、運動性不安が現れ、次いで脳及びその他の神経細胞を麻酔せしめる。筋肉の張力は失われ、反射機能は消失し、瞳孔は散大する。
4　腐食性が強く、皮膚に触れると、激しく侵す。また、これを飲めば死にいたる。ダストやミストを吸入すると、呼吸器官を侵し、目にはいった場合には、失明のおそれがある。

問題　次の物質の貯蔵方法として、最も適当なものを下から一つ選びなさい。

物　質　名	貯蔵方法
四塩化炭素	問　53
メタノール	問　54
過酸化水素水	問　55
クロロホルム	問　56

1　亜鉛又は錫(すず)メッキをした鋼鉄製容器で保管し、高温に接しない場所に保管する。本品の蒸気は空気より重く、低所に滞留するので、地下室など換気の悪い場所には保管しない。
2　引火しやすく、またその蒸気は空気と混合して爆発性混合ガスを形成するので火気は絶対に近づけない。
3　少量ならば褐色ガラス瓶、大量ならばカーボイなどを使用し、3分の1の空間をたもって貯蔵する。日光の直射をさけ、冷所に、有機物、金属塩、樹脂、油類、その他有機性蒸気を放出する物質と引き離して貯蔵する。
4　冷暗所にたくわえる。純品は空気と日光によって変質するので、少量のアルコールを加えて分解を防止する。

問題　以下の物質の性状について、最も適当なものを下から一つ選びなさい。

物　質　名	性　状
キシレン	問　57
アンモニア水	問　58
蓚(しゅう)酸	問　59
硫酸	問　60

1　2 molの結晶水を有する無色、稜柱状の結晶で、乾燥空気中で風化する。
2　重質無色透明の液体で芳香族炭化水素特有の臭いがある。
3　無色透明、油様の液体であるが、粗製のものは、しばしば有機質が混じて、かすかに褐色を帯びていることがある。濃い液体は猛烈に水を吸収する。
4　無色透明、揮発性の液体で、鼻をさすような臭気があり、アルカリ性を呈する。

【平成28年度実施】

（一般）

問題　以下の物質の代表的な用途について、最も適当なものを下から一つ選びなさい。

物　質　名	用途
硅弗（けいふっ）化水素酸	問　41
亜塩素酸ナトリウム	問　42
酢酸エチル	問　43
塩化亜鉛	問　44

1　脱水剤、木材防腐剤、活性炭の製造、乾電池材料、脱臭剤、染料安定剤
2　香料、溶剤、有機合成原料
3　セメントの硬化促進剤
4　繊維、木材、食品等の漂白

問題　以下の物質の性状として、最も適当なものを下から一つ選びなさい。

物　質　名	性状
ニトロベンゼン	問　45
塩化水素	問　46
アクリルニトリル	問　47
シアン化ナトリウム	問　48

1　無臭又は微刺激臭のある無色透明の蒸発しやすい液体。
2　常温、常圧においては無色の刺激臭をもつ気体で、湿った空気中で激しく発煙する。冷却すると無色の液体及び固体となる。
3　無色又は微黄色の吸湿性の液体で、強い苦扁桃様の香気をもち、光線を屈折する。
4　白色の粉末、粒状又はタブレット状の固体。酸と反応すると有毒かつ引火性のガスを発生する。

問題　以下の物質の人体に対する代表的な中毒症状について、最も適当なものを下から一つ選びなさい。

物　質　名	中毒症状
無機シアン化合物	問　49
沃（よう）化メチル	問　50
アクロレイン	問　51
塩素酸塩類	問　52

1　中枢神経系の抑制作用及び肺の刺激症状が現れる。皮膚に付着して蒸発が阻害された場合には発赤、水疱形成をみる。
2　目と呼吸器系を激しく刺激する。また、皮膚を刺激し、気管支カタルや結膜炎を起こさせる。
3　大量のガスを吸入した場合は、急速に死をまねき、数回の呼吸とけいれんのもとに倒れる。やや少量の場合には、呼吸困難、呼吸けいれんなどの刺激症状があり、

ついで呼吸麻痺で倒れる。
4 血液はどろどろになり、どす黒くなる。腎臓がおかされるため尿に血がまじり、尿の量が少なくなる。症状が重くなると、気を失って、けいれんを起こして死ぬことがある。

問題　以下の物質の廃棄方法として、最も適当なものを下から一つ選びなさい。

物　質　名	廃棄方法
砒(ひ)素	問　53
カリウム	問　54
弗(ふっ)化水素酸	問　55
臭素	問　56

1 セメントを用いて固化し、溶出試験を行い、溶出量が判定基準以下であることを確認して埋立処分する。
2 多量の消石灰水溶液に攪拌(かくはん)しながら少量ずつ加えて中和し、沈殿ろ過して埋立処分する。作業の際には、有毒なガスを発生することがあるので、必ず保護具を着用する。
3 スクラバーを具備した焼却炉の中で乾燥した鉄製容器を用い、油又は油を浸した布等を加えて点火し、鉄棒でときどき攪拌(かくはん)して完全に燃焼させる。残留物は放冷後水に溶かし希硫酸等で中和する。
4 アルカリ水溶液（石灰乳又は水酸化ナトリウム水溶液）中に少量ずつ滴下し多量の水で希釈して処理する。

問題　以下の物質の貯蔵方法として、最も適当なものを下から一つ選びなさい。

物　質　名	貯蔵方法
二硫化炭素	問　57
沃(よう)素	問　58
ナトリウム	問　59
クロロホルム	問　60

1 容器は気密容器を用い、通風のよい冷所にたくわえる。腐食されやすい金属、濃塩酸、アンモニア水、アンモニアガス、テレビン油などは、なるべく引き離しておく。
2 冷暗所にたくわえる。純品は空気と日光によって変質するので、少量のアルコールを加えて分解を防止する。
3 空気中にそのままたくわえることはできないので、通常石油中にたくわえる。冷所で雨水などの漏れが絶対ないような場所に保存する。
4 少量ならば共栓ガラス瓶、多量ならば鋼製ドラムなどを使用する。日光の直射をうけない冷所で保管し、可燃性、発熱性、自然発火性のものからは、十分に引き離しておく。

（農業用品目）

問題　以下の物質の性状として、最も適当なものを下から一つ選びなさい。

物　質　名	性　状
Ｓ－メチル－Ｎ－〔(メチルカルバモイル) －オキシ〕－チオアセトイミデート（別名 メトミル）	問 41
２・２´－ジピリジリウム－１・１´－エチレンジブロミド（別名 ジクワット）	問 42
ジメチル－４－メチルメルカプト－３－メチルフェニルチオホスフェイト（別名 フェンチオン、ＭＰＰ）	問 43
硫酸タリウム	問 44

1 淡黄色結晶で水に溶ける。中性又は酸性で安定、アルカリ溶液でうすめる場合には、２～３時間以上貯蔵できない。
2 無色の結晶で、水にやや溶け、熱湯には溶けやすい。
3 白色の結晶固体。弱い硫黄臭がある。
4 褐色の液体で、弱いニンニク臭を有する。各種有機溶媒にはよく溶けるが、水にはほとんど溶けない。

問題　以下の物質の代表的な用途について、最も適当なものを下から一つ選びなさい。

物　質　名	用　途
1－（6－クロロ－3－ピリジルメチル）－N－ニトロイミダゾリジン－2－イリデンアミン（別名 イミダクロプリド）	問 45
塩素酸ナトリウム	問 46
メチル＝（E）－2－〔2－〔6－（2－シアノフェノキシ）ピリミジン－4－イルオキシ〕フェニル〕－3－メトキシアクリレート（別名 アゾキシストロビン）	問 47
2－クロルエチルトリメチルアンモニウムクロリド（別名 クロルメコート）	問 48

1 農業用には除草剤として使用される。
2 植物成長調整剤として使用される。
3 アブラムシ類等の害虫の防除に使用される。
4 殺菌剤として使用される。

問題　以下の物質について、該当する性状をＡ欄から、用途をＢ欄から、それぞれ最も適当なものを下から一つ選びなさい。

物　質　名	性状	用途
（ＲＳ）－α－シアノ－３－フェノキシベンジル＝Ｎ－（２－クロロ－α・α・α－トリフルオロ－パラトリル）－Ｄ－バリナート（別名 フルバリネート）		問 51
２－イソプロピルフェニル－Ｎ－メチルカルバメート（別名 イソプロカルブ、ＭＩＰＣ）	問 49	
クロルピクリン	問 50	問 52

【Ａ欄】（性状）

1 純品は無色の油状体であるが、市販品はふつう微黄色を呈している。催涙性があり、強い粘膜刺激臭を有する。水にはほとんど溶けないが、アルコール、エーテルなどには溶ける。

2 白色結晶性の粉末。アセトンによく溶け、メタノール、エタノール、酢酸エチルに溶ける。水には不溶。
3 無色無臭の柱状晶で、光によって暗色となり、水にはわずかに溶ける。
4 淡黄色ないし黄褐色の粘稠性液体で、水に難溶。熱、酸性には安定であるが、太陽光、アルカリには不安定。

【B欄】（用途）
1 野菜、果樹、園芸植物のアブラムシ類、ハダニ類、アオムシ、コナガ等の殺虫に用いられるほか、シロアリ防除にも有効である。
2 農薬としては、土壌燻（くん）蒸に使われ、土壌病原菌、センチュウ等の駆除などに用いられる。
3 稲のツマグロヨコバイ、ウンカ類の駆除に用いられる。
4 桑、まさきのうどんこ病の殺菌に用いられる。

問題　以下の物質の人体に対する代表的な中毒症状について、最も適当なものを下から一つ選びなさい。

物　質　名	中毒症状
沃（よう）化メチル	問　53
ジメチル－２・２－ジクロルビニルホスフェイト（別名 ジクロルボス、DDVP）	問　54
無機シアン化合物	問　55
ニコチン	問　56

1 大量のガスを吸入した場合は、急速に死をまねき、数回の呼吸とけいれんのもとに倒れる。やや少量の場合には、呼吸困難、呼吸けいれんなどの刺激症状があり、ついで呼吸麻痺で倒れる。
2 中枢神経系の抑制作用及び肺の刺激症状が現れる。皮膚に付着して蒸発が阻害された場合には発赤、水疱形成をみる。
3 猛烈な神経毒を有し、急性中毒では、吐き気、悪心、嘔吐（おうと）があり、ついで脈拍緩徐不整となり、発汗、縮瞳、呼吸困難、けいれん等を起こす。
4 コリンエステラーゼを阻害し、激しい中枢神経刺激と副交感神経刺激が認められる。

問題　以下の物質の廃棄方法として、最も適当なものを下から一つ選びなさい。

物　質　名	廃棄方法
アンモニア	問　57
２－イソプロピル－４－メチルピリミジル－６－ジエチルチオホスフェイト（別名 ダイアジノン）	問　58
硫酸	問　59
N－メチル－１－ナフチルカルバメート（別名 カルバリル）	問　60

1 木粉（おが屑）等に吸収させてアフターバーナー及びスクラバーを具備した焼却炉で焼却する。
2 徐々に石灰乳などの撹拌（かくはん）溶液に加えて中和させた後、多量の水で希釈して処理する。
3 そのまま焼却炉で焼却する。または、水酸化ナトリウム水溶液等と加温して加水分解する。
4 水で希薄な水溶液とし、酸で中和させた後、多量の水で希釈して処理する。

（特定品目）

問題　以下の物質の用途について、最も適当なものを下から一つ選びなさい。

物　質　名	用途
塩素	問　41
水酸化ナトリウム	問　42
一酸化鉛	問　43
メチルエチルケトン	問　44

1　化学工業用として、せっけん製造、パルプ工業、染料工業、レイヨン工業、諸種の合成化学などに使用されるほか、試薬として用いられる。
2　酸化剤、紙・パルプの漂白剤、殺菌剤、消毒剤（上水道水）、漂白剤原料、金属チタンや金属マグネシウムの製造など広い需要を有する。
3　ゴムの加硫促進剤、顔料、試薬として用いられる。
4　溶剤、有機合成原料として用いられる。

問題　以下の物質の人体に対する代表的な中毒症状について、最も適当なものを下から一つ選びなさい。

物　質　名	中毒症状
アンモニア水	問　45
蓚（しゅう）酸	問　46
四塩化炭素	問　47
トルエン	問　48

1　アルカリ性で、強い局所刺激作用を示す。高濃度の液を飲み、あるいはそのガスを吸入すると、死にいたることがある。経口摂取によって口腔、胸腹部疼痛、嘔吐（おうと）、咳嗽、虚脱を発する。また、腐食作用によって直接細胞を損傷し、気道刺激症状、肺浮腫、肺炎を招く。
2　蒸気の吸入により頭痛、食欲不振等がみられる。大量では緩和な大赤血球性貧血をきたす。
3　症状は、はじめ頭痛、悪心などをきたし、又、黄疸のように角膜が黄色となり、しだいに尿毒症様を呈し、はなはだしいときは死ぬことがある。
4　血液中の石灰分を奪取し、神経系をおかす。胃痛、嘔吐（おうと）、口腔や咽喉に炎症を起こし、腎臓がおかされる。

問題　以下の物質の廃棄方法として、最も適当なものを下から一つ選びなさい。

物　質　名	廃棄方法
メチルエチルケトン	問　49
重クロム酸ナトリウム	問　50
硫酸	問　51
水酸化カリウム	問　52

1 硅（けい）そう土等に吸収させて開放型の焼却炉で焼却する。もしくは、焼却炉の火室へ噴霧し焼却する。
2 水を加えて希薄な水溶液とし、酸で中和させた後、多量の水で希釈して処理する。
3 徐々に石灰乳などの撹拌（かくはん）溶液に加えて中和させた後、多量の水で希釈して処理する。
4 希硫酸に溶かし、還元剤の水溶液を過剰に用いて還元したのち、消石灰、ソーダ灰等の水溶液で処理し、水酸化物として沈殿ろ過する。溶出試験を行い、溶出量が判定基準以下であることを確認して、埋立処分する。

問題　以下の物質の性状について、最も適当なものを下から一つ選びなさい。

物　質　名	性状
硫酸モリブデン酸クロム酸鉛	問　53
蓚（しゅう）酸	問　54
トルエン	問　55
酢酸エチル	問　56

1 無色、可燃性のベンゼン臭を有する液体である。
2 2 mol の結晶水を有する無色、稜柱状の結晶で、乾燥空気中で風化する。注意して加熱すると昇華するが、急に加熱すると分解する。
3 橙色または赤色粉末。融点 844 ℃。水にほとんど溶けない。酸、アルカリに可溶。酢酸、アンモニア水に不溶。
4 強い果実様の香気ある可燃性無色の液体である。沸点は 77 ℃。

問題　以下の物質の取扱い・保管上の注意点として、最も適当なものを下から一つ選びなさい。

物　質　名	取扱い・保管上の注意点
アンモニア水	問　57
四塩化炭素	問　58
過酸化水素水	問　59
硫酸	問　60

1 揮発しやすいので、よく密栓してたくわえる。
2 水と急激に接触すると多量の熱を発生し、液が飛散することがある。
3 亜鉛又は錫（すず）メッキをした鋼鉄製容器で保管し、高温に接しない場所に保管する。本品の蒸気は空気より重く、低所に滞留するので、地下室など換気の悪い場所には保管しない。
4 少量ならば褐色ガラス瓶、大量ならばカーボイなどを使用し、3分の1の空間をたもって貯蔵する。日光の直射をさけ、冷所に、有機物、金属塩、樹脂、油類、その他有機性蒸気を放出する物質と引き離して貯蔵する。とくに、温度の上昇、動揺などによって爆発することがあるので、注意を要する。

【平成29年度実施】

（一般）

問題　以下の物質の代表的な用途について、最も適当なものを下から一つ選びなさい。

物　質　名	用 途
亜硝酸ナトリウム	問 41
エチルジフェニルジチオホスフェイト(別名 エジフェンホス、EDDP)	問 42
四塩化炭素	問 43
(ＲＳ)－α－シアノ－３－フェノキシベンジル＝(ＲＳ) －２－(４－クロロフェニル)－３－メチルブタノアート(別名 フェンバレレート)	問 44

1　有機燐(りん)殺菌剤として使用される。
2　工業用にジアゾ化合物製造用、染色工場の顕色剤、写真用に使用されるほか、試薬に用いられる。
3　野菜、果樹等のアブラムシ類、コナガ、アオムシ、ヨトウムシ等の駆除に使用される。
4　洗濯剤及び種々の清浄剤の製造、引火性の弱いベンジンの製造などに応用され、また、化学薬品として使用される。

問題　以下の物質の性状として、最も適当なものを下から一つ選びなさい。

物　質　名	性 状
ブロムメチル	問 45
Ｓ－メチル－Ｎ－[(メチルカルバモイル)－オキシ]－チオアセトイミデート(別名 メトミル)	問 46
２－クロロニトロベンゼン	問 47
六弗(ふっ)化タングステン	問 48

1　無色の気体であり、ベンゼンに溶ける。吸湿性で加水分解を受ける。反応性が強く、ほとんどの金属をおかす。
2　常温では気体であるが、冷却圧縮すると液化しやすく、クロロホルムに類する臭気があり、ガスは空気より重い。
3　常温常圧下で白色の結晶固体であり、弱い硫黄臭がある。水、メタノール、アセトンに溶ける。
4　黄色針状晶で、水には不溶であり、エーテル、エタノール、ベンゼンに溶ける。

問題　以下の物質の廃棄方法として、最も適当なものを下から一つ選びなさい。

物　質　名	廃棄方法
燐(りん)化亜鉛	問 49
塩化水素	問 50
水銀	問 51
水酸化カリウム	問 52

1　水を加えて希薄な水溶液とし、酸で中和させた後、多量の水で希釈して処理する。
2　徐々に石灰乳などの撹拌溶液に加えて中和させた後、多量の水で希釈して処理する。
3　多量の次亜塩素酸ナトリウムと水酸化ナトリウムの混合水溶液を撹拌しながら少量ずつ加えて酸化分解する。
4　そのまま再生利用するため蒸留する。

問題　以下の物質の漏えい時の措置として、最も適当なものを下から一つ選びなさい。

物　質　名	漏えい時の措置
ピクリン酸アンモニウム	問　53
硝酸	問　54
液化アンモニア	問　55
シアン化水素	問　56

1　多量の場合、漏えい箇所を濡れむしろ等で覆い、ガス状のものに対しては遠くから霧状の水をかけ吸収させる。
2　漏えいしたボンベ等を多量の水酸化ナトリウム水溶液に容器ごと投入してガスを吸収させ、さらに酸化剤の水溶液で酸化処理を行い、多量の水を用いて洗い流す。
3　多量の場合、土砂等でその流れを止め、これに吸着させるか、又は安全な場所に導いて、遠くから徐々に注水してある程度希釈した後、消石灰、ソーダ灰等で中和し多量の水を用いて洗い流す。
4　飛散したものは金属製ではない空容器にできるだけ回収し、そのあとを多量の水を用いて洗い流す。なお、回収の際は飛散したものが乾燥しないよう、適量の水を散布し、また、回収物の保管、輸送に際しても十分に水分を含んだ状態を保つようにする。

問題　以下の物質の人体に対する中毒症状について、最も適当なものを下から一つ選びなさい。

物　質　名	中毒症状
二酸化セレン	問　57
ベタナフトール(別名　2－ナフトール)	問　58
アニリン	問　59
硫酸タリウム	問　60

1　急性中毒では、顔面、口唇、指先などにチアノーゼが現れ、重症ではさらにチアノーゼが著しく、脈拍、血圧は最初亢進し、のちに下降し、嘔吐（おうと）、下痢、腎炎を起こし、けいれん、意識喪失、ついに死にいたることがある。
2　疝痛、嘔吐（おうと）、振戦、けいれん、麻痺等の症状に伴い、しだいに呼吸困難となり、虚脱症状となる。
3　吸入した場合、腎炎を起こし、重篤な場合には死亡する場合もある。また、肝臓をおかして黄疸が出たり、溶血を起こして血色素尿をみたりすることもある。
4　皮膚に触れた場合、皮膚に浸透し、痛みを与え、黄色に変色する。爪の間から入りやすい。

（農業用品目）

問題　以下の物質の性状として、最も適当なものを下から一つ選びなさい。

物　質　名	性 状
トリクロルヒドロキシエチルジメチルホスホネイト (別名 トリクロルホン、ＤＥＰ)	問 41
ニコチン	問 42
メチル＝Ｎ－［２－［１－(４－クロロフェニル)－１Ｈ－ピラゾール－３－イルオキシメチル］フェニル］(Ｎ－メトキシ)カルバマート (別名 ピラクロストロビン)	問 43
硫酸第二銅	問 44

1　黄帯類白色固体で、原体は暗褐色粘稠固体である。
2　空気中ですみやかに褐色となる液体で、水、アルコールに容易に溶ける。
3　濃い藍色の結晶で、風解性がある。水に溶けやすく、その水溶液は酸性を呈する。
4　純品は白色の結晶で、クロロホルム、ベンゼン、アルコールに溶け、水にもかなり溶ける。

問題　以下の物質の代表的な用途について、最も適当なものを下から一つ選びなさい。

物　質　名	用 途
シアン酸ナトリウム	問 45
モノフルオール酢酸ナトリウム	問 46
メチルイソチオシアネート	問 47
５－メチル－１・２・４－トリアゾロ〔３・４－ｂ〕ベンゾチアゾール (別名 トリシクラゾール)	問 48

1　殺菌剤としてイモチ病に用いる。
2　土壌消毒剤として用いる。
3　除草剤として用いる。
4　殺鼠(そ)剤として用いる。

問題　以下の物質の人体に対する中毒症状について、最も適当なものを下から一つ選びなさい。

物　質　名	中毒症状
クロルピクリン	問 49
２・２´－ジピリジリウム－１・１´－エチレンジブロミド (別名 ジクワット)	問 50
有機弗(ふっ)素化合物	問 51
有機燐(りん)化合物	問 52

1　吸入すると、分解されずに組織内に吸収され、各器官に障害をあたえる。血液に入ってメトヘモグロビンをつくり、また中枢神経や心臓、眼結膜をおかし、肺にも重篤な障害をあたえる。
2　生体細胞内のＴＣＡサイクルの阻害(アコニターゼの阻害)によって、激しい嘔吐(おうと)が繰り返され、胃の疼痛を訴え、しだいに意識が混濁し、てんかん性けいれん、脈拍の遅緩がおこり、チアノーゼ、血圧下降をきたす。
3　コリンエステラーゼを阻害し、吸入した場合、倦怠感、頭痛、めまい、嘔吐(おうと)、腹痛、下痢、多汗等の症状を呈し、重篤な場合には、縮瞳、意識混濁、全身けいれん等を起こすことがある。
4　吸入した場合、鼻やのどなどの粘膜に炎症を起こし、重篤な場合は、嘔気、嘔吐(おうと)、下痢等を起こすことがある。誤って飲み込んだ場合は、消化器障害、ショックのほか、数日後に腎臓の機能障害を起こすことがある。

問題　以下の物質の廃棄方法として、最も適当なものを下から一つ選びなさい。

物　質　名	廃棄方法
１・１´－ジメチル－４・４´－ジピリジニウムジクロリド (別名 パラコート)	問 53
シアン化ナトリウム	問 54
硫酸亜鉛	問 55
アンモニア	問 56

1　水酸化ナトリウム水溶液を加えてアルカリ性とし、酸化剤の水溶液を加えて酸化分解する。その後、硫酸を加えて中和し、多量の水で希釈して処理する。
2　木粉(おが屑)等に吸収させてアフターバーナー及びスクラバーを備えた焼却炉で焼却する。
3　水に溶かし、消石灰、ソーダ灰等の水溶液を加えて処理し、沈殿ろ過して埋立処分する。
4　水で希薄な水溶液とし、酸で中和させた後、多量の水で希釈して処理する。

問題　以下の物質の貯蔵方法として、最も適当なものを下から一つ選びなさい。

物　質　名	貯蔵方法
ロテノン	問 57
塩素酸ナトリウム	問 58
硫酸	問 59
ブロムメチル	問 60

1　水を吸収して発熱するので、内容物が漏れないように貯蔵する。
2　酸素によって分解し、殺虫効力を失うので、空気と光を遮断して貯蔵する。
3　常温では気体であるため、圧縮冷却して液化し、圧縮容器に入れ、冷暗所に貯蔵する。
4　潮解性があるので、乾燥した冷暗所に貯蔵する。

（特定品目）

問題　以下の物質の用途について、最も適当なものを下から一つ選びなさい。

物　質　名	用　途
硫酸	問　41
水酸化ナトリウム	問　42
過酸化水素水	問　43
ホルマリン	問　44

1　工業用としてフィルムの硬化、人造樹脂、人造角、色素合成などの製造に用いられるほか、試薬として使用される。
2　工業上貴重な漂白剤として獣毛、羽毛、綿糸、絹糸、骨質、象牙などを漂白するのに応用される。そのほか織物、油絵などの洗浄に使用される。
3　化学工業用として、せっけん製造、パルプ工業、染料工業、レイヨン工業、諸種の合成化学などに使用されるほか、試薬として用いられる。
4　肥料や各種化学薬品の製造、石油の精製、冶金、塗料、顔料などの製造に用いられ、また、乾燥剤あるいは試薬として用いられる。

問題　以下の物質の人体に対する代表的な中毒症状について、最も適当なものを下から一つ選びなさい。

物　質　名	中毒症状
水酸化カリウム	問　45
蓚（しゅう）酸	問　46
メタノール	問　47
クロロホルム	問　48

1　原形質毒である。この作用は、脳の節細胞を麻酔させ、溶血させる。吸収すると、はじめは嘔吐（おうと）、瞳孔の縮小、運動性不安が現れ、ついで脳及びその他の神経細胞を麻酔させる。
2　腐食性が強く、皮膚に触れると激しくおかす。ダストやミストを吸入すると、呼吸器官をおかし、目に入った場合には、失明のおそれがある。
3　頭痛、めまい、嘔吐（おうと）、下痢、腹痛などを起こし、致死量に近ければ麻酔状態になり、視神経がおかされ、目がかすみ、ついには失明することがある。中毒の原因は、蓄積作用によるとともに、神経細胞内でぎ酸が発生することによる。
4　血液中の石灰分を奪取し、神経系をおかす。胃痛、嘔吐（おうと）、口腔や咽喉の炎症を起こし、腎臓がおかされる。

問題　以下の物質の廃棄方法として、最も適当なものを下から一つ選びなさい。

物　質　名	廃棄方法
アンモニア	問　49
一酸化鉛	問　50
塩素	問　51
トルエン	問　52

1 硅(けい)そう土等に吸収させて開放型の焼却炉で焼却する。もしくは、焼却炉の火室へ噴霧し焼却する。
2 水を加えて希薄な水溶液とし、酸で中和させた後、多量の水で希釈して処理する。
3 セメントを用いて固化し、溶出試験を行い、溶出量が判定基準以下であることを確認して埋立処分する。
4 多量のアルカリ水溶液中に吹き込んだ後、多量の水で希釈して処理する。

問題　以下の物質の性状について、最も適当なものを下から一つ選びなさい。

物　質　名	性状
過酸化水素水	問　53
水酸化ナトリウム	問　54
トルエン	問　55
一酸化鉛	問　56

1 白色、結晶性の固いかたまりで、繊維状結晶様の破砕面を現す。水と炭酸を吸収する性質が強く、空気中に放置すると、潮解して徐々に炭酸ソーダの皮層を生じる。
2 無色、可燃性のベンゼン臭を有する液体で、水に不溶、エタノール、ベンゼン、エーテルに溶ける。
3 無色透明の濃厚な液体で、強く冷却すると稜柱状の結晶に変じる。
4 重い粉末であり、黄色から赤色までの種々のものがある。水にはほとんど溶けないが、酸やアルカリにはよく溶ける。

問題　以下の物質の取扱い・保管上の注意点として、最も適当なものを下から一つ選びなさい。

物　質　名	取扱い・保管上の注意点
過酸化水素水	問　57
四塩化炭素	問　58
水酸化カリウム	問　59
硅弗化(けいふっ)ナトリウム	問　60

1 少量ならば褐色ガラス瓶、大量ならばカーボイなどを使用し、３分の１の空間をたもって貯蔵する。直射日光を避け、有機物、金属塩、樹脂、油類、その他有機性蒸気を放出する物質から遠ざけて冷所に貯蔵する。
2 亜鉛又は錫(すず)メッキをした鋼鉄製容器で高温に接しない場所に保管する。蒸気は空気より重く、低所に滞留するため、地下室など換気の悪い場所には保管しない。
3 有毒なガスが発生するため、火災等による強熱にさらされ、又は酸と接触するおそれがある場所には保管しない。
4 炭酸と水を強く吸収するため、密栓をして保管する。

【平成30年度実施】

(一般)

問題　以下の物質の代表的な用途について、最も適当なものを下から一つ選びなさい。

物　質　名	用　途
ニッケルカルボニル	問　41
２－クロルエチルトリメチルアンモニウムクロリド (別名 クロルメコート)	問　42
パラフェニレンジアミン　(別名 パラミン)	問　43
２・２－ジメチルプロパノイルクロライド (別名 トリメチルアセチルクロライド)	問　44

1　高圧アセチレン重合、オキソ反応などにおける触媒、ガソリンのアンチノッキング剤として使用される。
2　農薬植物成長調整剤として使用される。
3　染料製造、毛皮の染料、ゴム工業、染毛剤及び試薬として使用される。
4　農薬や医薬品製造における反応用中間体、反応用試薬として使用される。

問題　以下の物質の性状として、最も適当なものを下から一つ選びなさい。

物　質　名	性　状
ヒドラジン	問　45
塩化第一水銀	問　46
燐(りん)化水素	問　47
四エチル鉛	問　48

1　腐った魚の臭いある無色気体で、酸素及びハロゲンと激しく結合する。
2　無色の揮発性液体で、日光により徐々に分解され、白濁する。金属対して腐食性がある。
3　白色の粉末で、光によって分解する。水ほとんど溶けず、エタノールテにも溶けないが、王水には溶ける。
4　無色、油状の液体で、水、低級アルコーと混和する。また、空気中で発煙する。

問題　以下の物質の廃棄方法として、最も適当なものを下から一つ選びなさい。

物　質　名	廃棄方法
水素化アンチモン	問　49
クロロホルム	問　50
エチレンオキシド	問　51
クロム酸鉛	問　52

1　スクラバーを備えた焼却炉の火室へ噴霧し、焼却した後、洗浄廃液に希硫酸を加えて酸性にする。この溶液に、硫化ナトリウム水溶液を加えて沈殿させ、ろ過して埋立処分する。
2　多量の水に少量ずつガスを吹き込み溶解し希釈した後、少量の硫酸を加える。その後、アルカリ水で中和し、活性汚泥で処理する。

3　希硫酸を加えた後、還元剤の水溶液を過剰に用いて還元する。その後、消石灰、ソーダ灰等の水溶液で処理し、沈殿ろ過した後、埋立処分する。
4　過剰の可燃性溶剤又は重油等の燃料と共に、アフターバーナー及びスクラバーを備えた焼却炉の火室へ噴霧して、できるだけ高温で焼却する。

問題　以下の物質の漏えい時の措置として、最も適当なものを下から一つ選びなさい。

物　質　名	漏えい時の措置
塩化第二金	問　53
硫酸	問　54
ジボラン	問　55
二硫化炭素	問　56

1　多量の場合、漏えいした液は土砂等でその流れを止め、これに吸着させるか、又は安全な場所に導いて、遠くから徐々に注水してある程度希釈した後、消石灰、ソーダ灰等で中和し、多量の水で洗い流す。
2　多量の場合、漏えいした液は土砂等でその流れを止め、安全な場所に導き、水で覆った後、土砂等に吸着させて空容器に回収し、水封後密栓する。そのあとを多量の水で洗い流す。
3　飛散したものは空容器にできるだけ回収し、ソーダ灰、消石灰等の水溶液を用いて処理し、そのあとを食塩水で処理後、多量の水で洗い流す。
4　漏えいしたボンベ等を多量の水酸化ナトリウム水溶液と酸化剤の水溶液の混合溶液中に容器ごとに投入してガスを吸収させ、酸化処理し、その処理液を多量の水で希釈して流す。

問題　以下の物質の人体に対する中毒症状について、最も適当なものを下から一つ選びなさい。

物　質　名	中毒症状
トルエン	問　57
モノフルオール酢酸ナトリウム	問　58
クロルピクリン	問　59
シアン化水素	問　60

1　生体細胞内のＴＣＡサイクルの阻害(アコニターゼの阻害)によって、激しい嘔吐が繰り返され、胃の疼痛を訴え、次第に意識が混濁し、てんかん性けいれん、脈拍の遅緩が起こり、チアノーゼ、血圧下降をきたす。
2　極めて猛毒で、蒸気を吸入すると、呼吸中枢を刺激し、麻痺(ひ)させる。
3　蒸気の吸入により頭痛、食欲不振等がみられる。多量では緩和な大赤血球性貧血をきたす。
4　吸入すると、分解せずに組織内に吸収され、各器官に障害を与える。血液に入ってメトヘモグロビンをつくり、また中枢神経や心臓、眼結膜をおかし、肺にも重篤な障害を与える。

(農業用品目)

問題　以下の物質の代表的な用途について、最も適当なものを一つ選びなさい。

物　質　名	性 状
(１Ｒ・２Ｓ・３Ｒ・４Ｓ)－７－オキサビシクロ〔２・２・１〕ヘプタン－２・３－ジカルボン酸 (別名 エンドタール)	問 41
ジニトロメチルヘプチルフェニルクロトナート (別名 ジノカップ、ＤＰＣ)	問 42
ジメチル－２・２－ジクロルビニルホスフェイト (別名 ジクロルボス、ＤＤＶＰ)	問 43
燐(りん)化亜鉛	問 44

1 殺鼠剤として用いる。
2 スズメノカタビラの除草剤として用いる。
3 殺虫剤として用いる。
4 殺菌剤としてウドンコ病に用いる。

問題　以下の物質性状として、最も適当なものを下から一つ選びなさい。

物　質　名	用 途
ジメチル－４－メチルメルカプト－３－メチルフェニルチオホスフェイト (別名 フェンチオン、ＭＰＰ)	問 45
Ｓ・Ｓ－ビス(１－メチルプロピル)＝Ｏ－エチル＝ホスホロジチオアート (別名 カズサホス)	問 46
ブラストサイジンＳ	問 47
ニコチン	問 48

1　硫黄臭のある淡黄色液体で、有機溶媒に溶けやすい。
2　純品は白色、針状の結晶であり、粗製品は白色ないし微褐色の粉末である。水、氷酢酸にやや溶けるが、その他の有機溶媒にはほとんど溶けない。
3　純品は無色、無臭の油状液体であるが、空気中で褐変しやすい。水、アルコール、エーテル、石油等に容易に溶ける。
4　褐色の液体で、弱いニンニク臭を有する。各種有機溶媒によく溶けるが、水にはほとんど溶けない。

問題　以下の物質の人体に対する中毒症状について、最も適当なものを下から一つ選びなさい。

物　質　名	中毒症状
ニコチン	問 49
エチレンクロルヒドリン	問 50
クロルピクリン	問 51

1　皮膚から吸収され、全身中毒症状を引き起こし、中枢神経系や肝臓、腎臓等に障害を引き起こす。
2　猛烈な神経毒であり、急性中毒では、よだれ、吐気、悪心、嘔吐(おうと)があり、ついで脈拍緩徐不整となり、発汗、縮瞳、呼吸困難、けいれん等を起こす。

3　吸入すると分解せずに組織内に吸収され各器官に障害を与える。血液に入ってメトヘモグロビンをつくり、中枢神経や心臓、眼結膜をおかし、肺に重篤な障害を与える。

4　コリンエステラーゼを阻害し、吸入した場合、倦怠感、頭痛、めまい、嘔吐（おうと）、腹痛、下痢、多汗等の症状を呈し、重篤な場合には、縮瞳、意識混濁、全身けいれん等を起こすことがある。

問 52 以下のうち、有機燐（りん）化合物の解毒剤として正しいものの組み合わせを下から一つ選びなさい。

ア　2－ピリジンアルドキシムメチオダイド(別名ＰＡＭ)
イ　バルビタール製剤
ウ　硫酸アトロピン
エ　アセトアミド

1(ア、イ)　　2(ア、ウ)　　3(イ、エ)　　4(ウ、エ)

問題　以下の物質の廃棄方法として、最も適当なものを下から一つ選びなさい。

物　質　名	廃棄方法
クロルピクリン	問 53
ブロムメチル（別名 臭化メチル、ブロムメタン）	問 54
硫酸亜鉛	問 55
シアン化カリウム（別名　青酸カリ）	問 56

1　少量の界面活性剤を加えた亜硫酸ナトリウムと炭酸ナトリウムの混合溶液中で、撹拌（かくはん）し分解させた後、多量の水で希釈して処理する。
2　水酸化ナトリウム水溶液を加えてアルカリ性とし、酸化剤の水溶液を加えて酸化分解を行った後、硫酸を加えて中和し、多量の水で希釈して処理する。
3　水に溶かし、消石灰等の水溶液を加えて処理し、沈殿ろ過して埋立処分する。もしくは、還元焙焼法により処理する。
4　可燃性溶剤と共に、スクラバーを備えた焼却炉の火室へ噴射し焼却する。

問題　以下の物質の貯蔵方法として、最も適当なものを下から一つ選びなさい。

物　質　名	貯蔵方法
シアン化カリウム（別名　青酸カリ）	問 57
ロテノン	問 58
ブロムメチル（別名 臭化メチル、ブロムメタン）	問 59
アンモニア水	問 60

1　常温では気体であるため、圧縮冷却して液化し、圧縮容器に入れ、冷暗所に貯蔵する。
2　揮発しやすいため、よく密栓して貯蔵する。
3　酸素によって分解し、殺虫効力を失うため、空気と光を遮断して貯蔵する。
4　少量ならばガラス瓶、多量ならばブリキ缶あるいは鉄ドラム缶を用い、酸類とは離して、換気のよい乾燥した冷所に密封して貯蔵する。

(特定品目)

問題　以下の物質の性状について、最も適当なものを下から一つ選びなさい。

物　質　名	性 状
水酸化カリウム	問　41
重クロム酸カリウム	問　42
四塩化炭素	問　43
硝酸	問　44

1　揮発性、無色の重い不燃性の液体。油脂類がよく溶ける。
2　腐食性が激しく、空気に接すると刺激性白霧を発し、水を吸収する性質が強い。
3　白色の固体。水、アルコールには熱を発して溶ける。水溶液は、強いアルカリ性を示す。
4　橙赤色の柱状結晶。水に溶けやすいが、アルコールには溶けない。強力な酸化剤である。

問題　以下の物質の廃棄方法について、最も適当なものを下から一つ選びなさい。

物　質　名	廃棄方法
アンモニア	問　45
硅弗(けいふっ)化ナトリウム	問　46
塩素	問　47
メチルエチルケトン	問　48

1　多量のアルカリ水溶液中に吹き込んだ後、多量の水で希釈して処理する。
2　水に溶かし、消石灰等の水溶液を加えて処理した後、希硫酸を加えて中和し、沈殿ろ過して埋立処分する。
3　水を加えて希薄な水溶液とし、酸で中和させた後、多量の水で希釈して処理する。
4　硅(けい)そう土等に吸収させて開放型の焼却炉で焼却する。

問題　以下の物質の代表的な用途について、最も適当なものを下から一つ選びなさい。

物　質　名	用 途
クロム酸ナトリウム	問　49
蓚(しゅう)酸	問　50
クロロホルム	問　51
キシレン	問　52

1　工業用として、酸化剤、製革用に使用される。
2　捺染(なっせん)剤、木、コルク、綿、藁(わら)製品等の漂白剤として使用される。
3　溶媒として広く使用される。
4　溶剤、染料中間体などの有機合成原料として使用される。

問題　以下の物質の貯蔵方法について、最も適当なものを下から一つ選びなさい。

物　質　名	貯蔵方法
水酸化ナトリウム	問　53
四塩化炭素	問　54
アンモニア水	問　55
過酸化水素水	問　56

1　炭酸と水を吸収する性質が強いため、密栓して貯蔵する。
2　揮発しやすいため、密栓して貯蔵する。
3　亜鉛又は錫（すず）メッキをした鋼鉄製容器で保管し､高温に接しない場所に保管する。
4　少量ならば褐色ガラス瓶、大量ならばカーボイなどを使用し、３分の１の空間を保って貯蔵する。

問題　以下の物質の性状について、最も適当なものを下から一つ選びなさい。

物　質　名	性 状
一酸化鉛	問　57
アンモニア水	問　58
塩素	問　59
メチルエチルケトン	問　60

1　重い粉末で黄色から赤色までの間の種々のものがある。赤色のものを７２０℃以上に加熱すると黄色になる。
2　無色透明の液体で鼻をさすような臭気があり、アルカリ性を呈する。
3　常温では窒息性臭気をもつ黄緑色気体。冷却すると黄色溶液を経て黄白色固体となる。
4　無色の液体でアセトン様の芳香がある。引火性が強く、有機溶媒、水に溶ける。

【令和元年度実施】

九州全県・沖縄県統一共通①〔福岡県、沖縄県〕

（一般）

問題　以下の物質の代表的な用途について、最も適当なものを下から一つ選びなさい。

物　質　名	用 途
硫酸亜鉛	問　41
酸化バリウム	問　42
N－エチル－メチル－（２－クロル－４－メチルメルカプトフェニル）－チオホスホルアミド（別名アミドチオエート）	問　43
サリノマイシンナトリウム	問　44

1　みかん、りんご、なし等のハダニ類の殺虫剤として使用される。

2　飼料添加物として使用される。

3　工業用として脱水剤、過酸化物、水酸化物の製造用、釉（ゆう）薬原料に使用されるほか、試薬、乾燥剤としても使用される。

4　工業用として木材防腐剤、捺染（なつせん）剤、塗料、染料、めっきに使用されるほか、農薬としても使用される。

問題　以下の物質の性状として、最も適当なものを下から一つ選びなさい。

物　質　名	性 状
ピクリン酸	問　45
フェノール	問　46
メチルアミン	問　47
無水クロム酸	問　48

1　無色で魚臭（高濃度はアンモニア臭）のある気体で、メタノールやエタノールに溶ける。

2　無色の針状結晶あるいは白色の放射状結晶塊で、空気中で容易に赤変する。特異の臭気と灼くような味を有する。

3　淡黄色の光沢のある小葉状あるいは針状結晶で、冷水には溶けにくいが、熱湯、アルコール、エーテル、ベンゼン、クロロホルムには溶ける。

4　暗赤色結晶で、潮解性があり、水によく溶ける。酸化性、腐食性が大きく、強酸性である。

問題　以下の物質の廃棄方法として、最も適当なものを下から一つ選びなさい。

物　質　名	廃棄方法
ニッケルカルボニル	問　49
アクロレイン	問　50
シアン化ナトリウム	問　51
過酸化水素水	問　52

1　多量の次亜塩素酸ナトリウム水溶液を用いて酸化分解した後、過剰の塩素を亜硫酸ナトリウム水溶液等で分解させ、硫酸を加えて中和し、金属塩を沈殿ろ過し埋立処分する。
2　硅（けい）そう土等に吸収させ開放型の焼却炉で焼却する。
3　水酸化ナトリウム水溶液等でアルカリ性とし、高温加圧下で加水分解する。
4　多量の水で希釈して処理する。

問題　以下の物質の漏えい時の措置として、最も適当なものを下から一つ選びなさい。

物　質　名	漏えい時の措置
塩素	問　53
ニトロベンゼン	問　54
キシレン	問　55
クロルピクリン	問　56

1　少量の場合、多量の水を用いて洗い流すか、又は土砂、おが屑等に吸着させて空容器に回収し、安全な場所で焼却する。
2　水酸化カルシウムを十分に散布して吸収させる。多量にガスが噴出した場所には、遠くから霧状の水をかけて吸収させる。
3　多量の場合、土砂等でその流れを止め、安全な場所に導き、液の表面を泡で覆いできるだけ空容器に回収する。
4　少量の場合、布で拭き取るか、又はそのまま風にさらして蒸発させる。多量の場合、土砂等でその流れを止め、多量の活性炭又は水酸化カルシウムを散布して覆い、至急関係先に連絡し専門家の指示により処理する。

問題　以下の物質の人体に対する中毒症状について、最も適当なものを下から一つ選びなさい。

物　質　名	中毒症状
硝酸	問　57
四塩化炭素	問　58
N－ブチルピロリジン	問　59
メチルカプタン	問　60

1　皮膚に触れた場合、皮膚を刺激し、炎症を起こす。直接液に触れると、凍傷を起こす。
2　症状は、はじめ頭痛、悪心などをきたし、黄疸のように角膜が黄色となり、しだいに尿毒症様を呈し、重症のときは死亡する。
3　蒸気は眼、呼吸器などの粘膜及び皮膚に強い刺激性をもつ。高濃度溶液が皮膚に触れるとガスを発生して、組織ははじめ白く、次第に深黄色となる。
4　吸入した場合、呼吸器を刺激し、吐き気、嘔吐（おうと）が起こる。重症の場合はけいれんを起こし、意識不明となる。

（農業用品目）

問題　以下の物質の性状について、最も適当なものを下から一つ選びなさい。

物　質　名	性 状
塩素酸カリウム	問　41
ジエチル－（5－フェニル－3－イソキサゾリル）－チオホスフェイト（別名 イソキサチオン）	問　42
弗（ふっ）化スルフリル	問　43
S－メチル－N－〔(メチルカルバモイル）－オキシ〕－チオアセトイミデート（別名　メトミル）	問　44

1　淡黄褐色の液体である。水に溶けにくく、有機溶剤には溶ける。アルカリに不安定である。
2　無色の単斜晶系板状の結晶である。水に溶けるが、アルコールには溶けにくい。
3　無色の気体である。水に溶けにくく、アセトン、クロロホルムには溶ける。
4　白色の結晶固体である。弱い硫黄臭がある。

問題　以下の物質の代表的な用途について、最も適当なものを下から一つ選びなさい。

物　質　名	用 途
1・1’－イミノジ（オクタメチレン）ジグアニジン（別名 イミノクタジン）	問　45
2－クロルエチルトリメチルアンモニウムクロリド（別名 クロルメコート）	問　46
トリクロルヒドロキシエチルジメチルホスホネイト（別名　トリクロルホン、DEP、ディプテレックス）	問　47
硫酸タリウム	問　48

1　殺菌剤　　2　殺鼠（そ）剤　　3　殺虫剤　　4　植物成長調整剤

問題　以下の物質の人体に対する中毒症状について、最も適当なものを下から一つ選びなさい。

物　質　名	中毒症状
２－イソプロピル－４－メチルピリミジル－６－ジエチルチオホスフェイト （別名　ダイアジノン）	問　49
シアン化ナトリウム （別名　青酸ソーダ）	問　50
モノフルオール酢酸ナトリウム	問　51
燐(りん)化亜鉛	問　52

1　胃及び肺で胃酸や水と反応してホスフィンを発生することにより、頭痛、吐き気、めまい等の症状を起こす。
2　生体細胞内のＴＣＡサイクルの阻害（アコニターゼの阻害）によって、激しい嘔吐(おうと)が繰り返され、胃の疼痛を訴え、次第に意識が混濁し、てんかん性けいれん、脈拍の遅緩が起こり、チアノーゼ、血圧下降をきたす。解毒剤には、アセトアミドを使用する。
3　コリンエステラーゼを阻害し、吸入した場合、倦怠感、頭痛、めまい、嘔吐(おうと)、腹痛、下痢、多汗等の症状を呈し、重篤な場合には、縮瞳、意識混濁、全身けいれん等を起こす。解毒剤には、２－ピリジルアルドキシムメチオダイド（別名PAM）製剤又は硫酸アトロピン製剤を使用する。
4　吸入した場合、頭痛、めまい、悪心、意識不明、呼吸麻痺(ひ)を起こす。解毒剤には、亜硝酸ナトリウム水溶液とチオ硫酸ナトリウム水溶液を使用する。

問題　以下の物質の廃棄方法について、最も適当なものを下から一つ選びなさい。

物　質　名	廃棄方法
エチルパラニトロフェニルチオノベンゼンホスホネイト （別名　ＥＰＮ）	問　53
塩素酸ナトリウム	問　54
硫酸	問　55
硫酸第二銅	問　56

1　還元剤の水溶液に希硫酸を加えて酸性にし、この中に少量ずつ投入する。反応終了後、反応 液を中和し多量の水で希釈して処理する。
2　木粉（おが屑）等に吸収させてアフターバーナー及びスクラバーを備えた焼却炉で焼却する。 なお、スクラバーの洗浄液には水酸化ナトリウム水溶液を用いる。
3　水に溶かし、水酸化カルシウム、炭酸ナトリウムの水溶液を加えて処理し、沈殿ろ過して埋立処分する。
4　徐々に石灰乳等の撹拌溶液に加え中和させた後、多量の水で希釈して処理する。

問題　以下の物質の貯蔵方法について、最も適当なものを下から一つ選びなさい。

物　質　名	廃棄方法
シアン化水素 （別名　青酸ガス）	問　57
ブロムメチル （別名　臭化メチル、ブロムメタン、メチルブロマイド）	問　58
燐（りん）化アルミニウムとその分解促進剤とを含有する製剤	問　59
ロテノン	問　60

1　大気中の湿気に触れると、徐々に分解してホスフィンを発生するため、密封した容器に貯蔵する。
2　酸素によって分解し、殺虫効力を失うため、空気と光を遮断して貯蔵する。
3　常温では気体であるため、圧縮冷却して液化し、圧縮容器に入れ、冷暗所に貯蔵する。
4　少量ならば褐色ガラス瓶を用い、多量ならば銅製シリンダーを用いる。日光及び加熱を避け、風通しのよい冷所に貯蔵する。極めて猛毒であるため、爆発性、燃焼性のものと隔離する。

（特定品目）

問題　以下の物質の用途について、最も適当なものを下から一つ選びなさい。

物　質　名	用　途
トルエン	問　41
一酸化鉛	問　42
過酸化水素水	問　43
四塩化炭素	問　44

1　織物、油絵などの洗浄に使用され、また、消毒及び防腐の目的で用いられる。
2　洗浄剤及び種々の清浄剤の製造、引火性の少ないベンジンの製造に用いられる。
3　爆薬、染料、香料、サッカリン、合成高分子材料などの原料、溶剤、分析用試薬として用いられる。
4　ゴムの加硫促進剤、顔料、試薬として用いられる。

問題　以下の物質の性状について、最も適当なものを下から一つ選びなさい。

物　質　名	廃棄方法
アンモニア	問　45
塩素	問　46
硅弗（けいふっ）化ナトリウム	問　47
硫酸	問　48

1　常温においては窒息性臭気を有する黄緑色の気体で、冷却すると黄色溶液を経て、黄白色固体となる。
2　無色透明、油様の液体で、粗製のものは、しばしば有機質が混じり、かすかに褐色を帯びていることがある。
3　白色の結晶で、水に溶けにくく、アルコールにも溶けない。
4　特有の刺激臭のある無色の気体で、圧縮することによって、常温でも簡単に液化する。

問題　以下の物質の廃棄方法として、最も適当なものを下から一つ選びなさい。

物　質　名	廃棄方法
塩素	問　49
水酸化カリウム	問　50
クロロホルム	問　51
クロム酸ナトリウム	問　52

1　水を加えて希薄な水溶液とし、酸で中和させた後、多量の水で希釈して処理する。
2　多量のアルカリ水溶液（石灰乳又は水酸化ナトリウム水溶液など）中に吹き込んだ後、多量の水で希釈して処理する。
3　希硫酸に溶かし、還元剤の水溶液を過剰に用いて還元した後、水酸化カルシウム、炭酸ナトリウム等の水溶液で処理し、沈殿ろ過する。溶出試験を行い、溶出量が判定基準以下であることを確認して埋立処分する。
4　過剰の可燃性溶剤又は重油等の燃料とともにアフターバーナー及びスクラバーを備えた焼却炉の火室へ噴霧してできるだけ高温で焼却する。

問題　以下の物質の人体に対する代表的な中毒症状について、最も適当なものを下から一つ選びなさい。

物　質　名	中毒症状
クロム酸カリウム	問　53
硝酸	問　54
キシレン	問　55
ホルムアルデヒド	問　56

1　蒸気は粘膜を刺激し、鼻カタル、結膜炎、気管支炎などが起こる。
2　蒸気は眼、呼吸器などの粘膜及び皮膚に強い刺激性を有する。液体の経口摂取で、口腔以下の消化管に強い腐食性火傷を生じ、重症の場合にはショック状態となり死に至る。
3　吸入すると、眼、鼻、のどを刺激する。高濃度で興奮、麻酔作用がある。
4　口と食道が赤黄色に染まり、その後青緑色に変化する。腹痛を起こし、緑色のものを吐き出し、血の混じった便が出る。

問題　以下の物質の取扱い・保管上の注意点として、最も適当なものを下から一つ選びなさい。

物　質　名	取扱い・保管上の注意点
クロロホルム	問　57
過酸化水素水	問　58
メチルエチルケトン	問　59
水酸化カリウム	問　60

1　二酸化炭素と水を強く吸収するため、密栓をして保管する。
2　引火しやすく、また、その蒸気は空気と混合して爆発性の混合ガスとなるため、火気を避けて保管する。
3　冷暗所に保管する。純品は空気と日光によって変質するため、少量のアルコールを加えて分解を防止する。
4　直射日光を避け、冷所に有機物、金属塩、樹脂、油類、その他有機性蒸気を放出する物質と引き離して保管する。

九州全県・沖縄県統一共通②〔佐賀県、長崎県、熊本県、大分県、宮崎県、鹿児島県〕

（一般）

問題　以下の物質の代表的な用途について、最も適当なものを下から一つ選びなさい。

物　質　名	用　途
アクリルアミド	問　41
水酸化ナトリウム	問　42
燐（りん）化水素	問　43
四アルキル鉛	問　44

1　航空ガソリン用アンチノック剤として使用される。
2　土木工事用の土質安定剤のほか、重合体は水処理剤、紙力増強剤、接着剤等に使用される。
3　半導体工業におけるドーピングガスに使用される。
4　せっけん製造、パルプ工業、染料工業、試薬、農薬に使用される。

問題　以下の物質の貯蔵方法として、最も適当なものを下から一つ選びなさい。

物　質　名	性　状
黄燐（りん）	問　45
弗（ふっ）化水素	問　46
クロロホルム	問　47
カリウム	問　48

1　純品は空気と日光によって変質するため、少量のアルコールを加えて分解を防止し、冷暗所に貯蔵する。
2　銅、鉄、コンクリート又は木製のタンクにゴム、鉛、ポリ塩化ビニルあるいはポリエチレンのライニングを施したものに貯蔵する。
3　空気中では酸化しやすく、水とも激しく反応するため、通常、石油中に貯蔵するが、長時間のうちには表面に酸化物の白い皮を生じる。また、水分の混入、火気を避けて貯蔵する。
4　空気に触れると発火しやすいので、水中に沈めて瓶に入れ、さらに砂を入れた缶中に固定して、冷暗所に貯蔵する。

問題　以下の物質の廃棄方法として、最も適当なものを下から一つ選びなさい。

物　質　名	廃棄方法
クロルピクリン	問　49
硫化カドミウム	問　50
トルエン	問　51
塩化亜鉛	問　52

1　少量の界面活性剤を加えた亜硫酸ナトリウムと炭酸ナトリウムの混合溶液中で、攪拌し分解させた後、多量の水で希釈して処理する。

2　硅そう土等に吸収させて開放型の焼却炉で少量ずつ焼却する。もしくは焼却炉の火室へ噴霧し焼却する。

3　水に溶かし、水酸化カルシウム、炭酸カルシウム等の水溶液を加えて処理し、沈殿ろ過して埋立処分する。

4　セメントで固化し溶出試験を行い、溶出量が判定基準以下であることを確認して埋立処分する。

問題　以下の物質の漏えい時の措置として、最も適当なものを下から一つ選びなさい。

物　質　名	漏えい時の措置
砒素	問　53
ベタナフトール	問　54
臭素	問　55
過酸化ナトリウム	問　56

1　漏えいした箇所や漏えいした液には水酸化カルシウムを十分に散布し、多量の場合はさらに、シート等をかぶせ、その上に水酸化カルシウムを散布して吸収させる。また、漏えい容器には散水しない。

2　飛散したものは空容器にできるだけ回収し、そのあとを硫酸鉄(Ⅲ)等の水溶液を散布し、水酸化カルシウム、炭酸ナトリウム等の水溶液を用いて処理した後、多量の水で洗い流す。

3　飛散したものは速やかに掃き集め、空容器に回収する。汚染された土砂、物体にも同様の措置をとる。

4　飛散したものは空容器にできるだけ回収する。回収したものは発火のおそれがあるので速やかに多量の水に溶かして処理する。

問題　以下の物質の人体に対する中毒症状について、最も適当なものを下から一つ選びなさい。

物　質　名	中毒症状
蓚（しゅう）酸	問　57
三酸化二砒（ひ）素	問　58
ジメチルジチオホスホリルフェニル酢酸エチル (別名　フェントエート)	問　59
クロルメチル	問　60

1　吸入した場合、麻酔作用がある。多量に吸入すると頭痛、吐気、嘔吐（おうと）が起こり、重症な場合は意識を失う。液が皮膚に触れるとしもやけ(凍傷)を起こす。応急処置には強心剤や興奮剤を使用する。
2　吸入した場合、鼻、喉、気管支などの粘膜を刺激し、頭痛、めまい、悪心、チアノーゼを起こす。重症な場合には血色素尿を排泄し、肺水腫を生じ、呼吸困難を起こす。解毒剤には ジメルカプロール(BAL)を使用する。
3　血液中のカルシウム分を奪取し、神経系を侵す。急性中毒症状には胃痛、嘔吐（おうと）、口腔・咽喉の炎症や腎障害がある。
4　血液中のコリンエステラーゼを阻害し、倦怠感、頭痛、めまい、嘔気、嘔吐（おうと）、腹痛、多汗等の症状を呈し、重症な場合、縮瞳、意識混濁、全身けいれん等を起こすことがある。解毒剤には２－ピリジルアルドキシムメチオダイド(PAM)製剤を使用する。

（農業用品目）

問題　以下の物質について、該当する性状をＡ欄から、廃棄方法をＢ欄から、それぞれ最も適当なものを下から一つ選びなさい。

物　質　名	性 状	廃棄方法
Ｎ－メチル－１－ナフチルカルバメート (別名　カルバリル、NAC)	問　41	問　45
１・３－ジカルバモイルチオ－２－(N・N －ジメチルアミノ)－プロパン塩酸塩 (別名　カルタップ)	問　42	問　46
ジメチル－２・２－ジクロルビニルホスフェイト (別名　ジクロルボス、DDVP)	問　43	問　47
弗（ふっ）化亜鉛	問　44	問　48

【Ａ欄】(性状)
1　無色の結晶で、水やメタノールに溶け、エーテルやベンゼンには溶けない。
2　無色油状の液体で、水に溶けにくいが、有機溶媒に溶ける。
3　四水和物は白色の結晶で、水やアンモニア水に溶ける。
4　白色～淡黄褐色の粉末で、水に溶けにくいが、有機溶媒に溶け、アルカリに不安定である。

【B欄】(廃棄方法)

1　10 倍量以上の水と撹拌しながら加熱還流して加水分解し、冷却後、水酸化ナトリウム等の水溶液で中和する。
2　水酸化ナトリウム水溶液と加温して加水分解する。
3　還元剤の水溶液に希硫酸を加えて酸性にし、この中に少量ずつ投入する。反応終了後、反応液を中和し多量の水で希釈して処理する。
4　セメントを用いて固化し、埋立処分する。

問題　以下の物質の人体に対する中毒症状について、最も適当なものを下から一つ選びなさい。

物　質　名	中毒症状
シアン化第一銅 (別名 青化第一銅、シアン化銅(Ⅰ))	問 49
2－(1－メチルプロピル)－フェニル－Ｎ－メチルカルバメート　(別名 フェノブカルブ、BPMC)	問 50
1・1’－ジメチル－4・4’－ジピリジニウムジクロリド (別名 パラコート)	問 51

1　吸入した場合、縮瞳、意識混濁、全身けいれん等を起こすことがある。
2　吸入した場合、頭痛、めまい、呼吸麻痺等を起こすことがある。解毒剤として、ヒドロキソコバラミンを用いる。
3　誤飲した場合は、消化器障害、ショックの他、数日遅れて、肝臓、腎臓、肺などの機能障害を起こすことがある。
4　皮膚に触れた場合、激しいやけど(薬傷)を起こす。

問 52　以下の物質のうち、硫酸タリウムの解毒剤として正しいものを一つ選びなさい。

1　硫酸アトロピン　　2　亜硝酸アミル　　3　チオ硫酸ナトリウム
4　ヘキサシアノ鉄(Ⅱ)酸鉄(Ⅲ)水和物(プルシアンブルー)

問題　以下の物質の廃棄方法について、最も適当なものを下から一つ選びなさい。

物　質　名	廃棄方法
塩素酸カリウム (別名 塩剥、塩素酸カリ)	問 53
ピロリン酸亜鉛 (別名 二リン酸亜鉛)	問 54
2－イソプロピルフェニル－Ｎ－メチルカルバメート (別名 イソプロカルブ、MIPC)	問 55
塩化第二銅 (別名 塩化銅(Ⅱ))	問 56

1　還元剤の水溶液に希硫酸を加えて酸性にし、この中に少量ずつ投入する。反応終了後、反応液を中和し多量の水で希釈して処理する。
2　水に溶かし、水酸化カルシウム、炭酸ナトリウム等の水溶液を加えて処理し、沈殿ろ過して埋立処分する。
3　水酸化ナトリウム水溶液等と加温して加水分解する。
4　セメントを用いて固化し、埋立処分する。

問題　以下の物質の用途として、最も適当なものを下から一つ選びなさい。

物　質　名	廃棄方法
S・S －ビス(１－メチルプロピル)＝ O －エチル＝ホスホロジチオアート (別名 カズサホス)	問 57
１－(６－クロロ－３－ピリジルメチル)－ N －ニトロイミダゾリジン－２－イリデンアミン (別名 イミダクロプリド)	問 58
２－クロル－１－(２・４－ジクロルフェニル)ビニルジメチルホスフェイト（別名 ジメチルビンホス）	問 59
ブラストサイジンＳ	問 60

1　稲のニカメイチュウ、キャベツのアオムシ等の殺虫剤として用いる。
2　稲のイモチ病に用いる。
3　野菜等のアブラムシ類等の害虫を防除する農薬として用いる。
4　野菜等のネコブセンチュウを防除する農薬として用いる。

（特定品目）

問題　以下の物質の用途について、最も適当なものを下から一つ選びなさい。

物　質　名	用　途
水酸化ナトリウム	問 41
塩素	問 42
重クロム酸カリウム	問 43
ホルマリン	問 44

1　工業用の酸化剤、媒染剤、製革用、電気めっき用、電池調整用、顔料原料、試薬として用いられる。
2　温室の燻(くん)蒸剤、フィルムの硬化、人造樹脂、人造角、色素合成などの製造、試薬、農薬として用いられる。
3　酸化剤、紙・パルプの漂白剤、殺菌剤、消毒剤、金属チタンの製造に用いられる。
4　せっけん製造、パルプ工業、染料工業、レーヨン工業、諸種の合成化学、試薬、農薬として用いられる。

問題　以下の物質の性状について、最も適当なものを下から一つ選びなさい。

物　質　名	性　状
トルエン	問 45
硅弗(けいふっ)化ナトリウム	問 46
硫酸モリブデン酸クロム酸鉛	問 47
四塩化炭素	問 48

1　白色の結晶で、水に溶けにくく、アルコールには溶けない。
2　橙色又は赤色粉末で、水、酢酸、アンモニア水には溶けず、酸やアルカリには溶ける。
3　揮発性、麻酔性の芳香がある無色の重い液体で、不燃性である。揮発して重い蒸気となり、火炎を包んで空気を遮断するため、強い消火力を示す。
4　無色透明、可燃性のベンゼン臭を有する液体で、水には溶けず、エタノール、ベンゼン、エーテルに溶ける。

問題　以下の物質の廃棄方法として、最も適当なものを下から一つ選びなさい。

物　質　名	廃棄方法
塩化水素	問　49
重クロム酸アンモニウム	問　50
メチルエチルケトン	問　51
一酸化鉛	問　52

1　セメントを用いて固化し、溶出試験を行い、溶出量が判定基準以下であることを確認して埋立処分する。
2　硅（けい）そう土等に吸収させて開放型の焼却炉で焼却する。もしくは、焼却炉の火室へ噴霧し焼却する。
3　徐々に石灰乳などの撹拌溶液に加え中和させた後、多量の水で希釈して処理する。
4　希硫酸に溶かし、還元剤の水溶液を過剰に用いて還元した後、水酸化カルシウム、炭酸ナトリウム等の水溶液で処理し、沈殿ろ過する。溶出試験を行い、溶出量が判定基準以下であることを確認して埋立処分する。

問題　以下の物質の人体に対する代表的な中毒症状について、最も適当なものを下から一つ選びなさい。

物　質　名	中毒症状
クロム酸カリウム	問　53
メタノール	問　54
過酸化水素水	問　55
蓚（しゅう）酸	問　56

1　頭痛、めまい、嘔吐（おうと）、下痢、腹痛などを起こし、致死量に近ければ麻酔状態になり、視神経が侵され、眼がかすみ、ついには失明することがある。中毒症状の原因は、蓄積作用によるとともに、神経細胞内でぎ酸が生成されることによる。
2　口と食道が赤黄色に染まり、その後青緑色に変化する。腹痛を起こし、緑色のものを吐き出し、血の混じった便が出る。
3　35％以上の溶液は皮膚に水疱をつくりやすく、眼には腐食作用を及ぼす。
4　血液中のカルシウム分を奪取し、神経系を侵す。急性中毒症状には胃痛、嘔吐（おうと）、口腔・咽喉の炎症や腎障害がある。

問題　以下の物質の漏えい時の措置として、最も適当なものを下から一つ選びなさい。

物　質　名	漏えい時の措置
トルエン	問　57
硝酸	問　58
クロロホルム	問　59
クロム酸ナトリウム	問　60

1　飛散したものは空容器にできるだけ回収し、そのあとを還元剤の水溶液を散布し、水酸化カルシウム、炭酸ナトリウム等で処理した後、多量の水で洗い流す。
2　漏えいした液は土砂等で流れを止め、安全な場所に導き、空容器に回収し、そのあとを中性洗剤等の分散剤を使用して多量の水で洗い流す。
3　土砂等に吸着させて空容器に回収する。多量の場合、漏えいした液は、土砂等でその流れを止め、安全な場所に導き、液の表面を泡で覆いできるだけ空容器に回収する。
4　漏えいした液は土砂等に吸着させて取り除くか、又はある程度水で徐々に希釈した後、水酸化カルシウム、炭酸ナトリウム等で中和し、多量の水を用いて洗い流す。

実　地　　編

〔実地編〕

【平成 27 年度実施】

（一般）

問題　以下の物質について、該当する性状をA欄から、鑑別方法をB欄から、それぞれ最も適当なものを下から一つ選びなさい。

物　質　名	性状	鑑別方法
四塩化炭素	問　61	問　63
アニリン	問　62	問　64
硫酸亜鉛	＼	問　65

【A欄】（性状）

1　無色、針状の吸湿性結晶で、アルコール、酸、冷水に溶け、水溶液は強いアルカリ性を示す。酸と作用して塩をつくり、また強力な還元作用を呈する。
2　純品は無色透明な油状の液体で、特有の臭気がある。空気に触れて赤褐色を呈する。
3　揮発性、麻酔性の芳香を有する無色の重い液体。不燃性であるが、さらに揮発して重い蒸気となり、火炎をつつんで空気を遮断するので、強い消火力を示す。
4　無色透明、油様の液体であるが、粗製のものは、しばしば有機質が混じて、かすかに褐色を帯びていることがある。濃い液体は猛烈に水を吸収する。

【B欄】（鑑別方法）

1　水溶液にさらし粉を加えると、紫色を呈する。
2　水に溶かして硫化水素を通じると、白色の沈殿を生じる。
3　アルコール性の水酸化カリウムと銅粉とともに煮沸すると、黄赤色の沈殿を生じる。
4　水溶液に金属カルシウムを加えこれにベタナフチルアミン及び硫酸を加えると、赤色の沈殿を生じる。また、アルコール溶液にジメチルアニリン及びブルシンを加えて溶解し、これにブロムシアン溶液を加えると、緑色ないし赤紫色を呈する。

問題　以下の物質について、該当する性状をA欄から、鑑別方法をB欄から、それぞれ最も適当なものを下から一つ選びなさい。

物　質　名	性状	鑑別方法
臭素	問　66	問　68
トリクロル酢酸	問　67	問　69
亜硝酸ナトリウム	＼	問　70

【A欄】（性状）

1　刺激性の臭気をはなって揮発する赤褐色の重い液体で、引火性、燃焼性はないが、強い腐食作用をもち、有機物と接触すると、火を発することがある。
2　赤色又は黄色の粉末で、製法によって色が異なる。酸には容易に溶ける。
3　特有の刺激臭のある無色の気体で、圧縮することによって、常温でも簡単に液化する。
4　無色の斜方六面形結晶で、潮解性をもち、微弱の刺激性臭気を有する。皮膚、粘膜を腐食する性質を有する。

【B欄】（鑑別方法）

1　水酸化ナトリウム溶液を加えて熱すれば、クロロホルムの臭気をはなつ。
2　炭の上に小さな孔をつくり、試料を入れて吹管炎で熱灼すると、パチパチ音をたてる。希硫酸に冷時反応して分解し、褐色の蒸気を出す。
3　濃塩酸をうるおしたガラス棒を近づけると、白い霧を生じる。また、塩酸を加えて中和した後、塩化白金溶液を加えると、黄色、結晶性の沈殿を生じる。
4　でんぷん糊液を橙黄色に染め、沃（よう）化カリウムでんぷん紙を藍変し、フルオレッセン溶液を赤変する。

（農業用品目）

問題　以下の物質の鑑別方法について、最も適当なものを下から一つ選びなさい。

物　質　名	鑑別方法
硫酸第二銅	問　61
アンモニア水	問　62
ニコチン	問　63
クロルピクリン	問　64

1　濃塩酸をつけたガラス棒を近づけると、白煙を生じる。また、塩酸を加えて中和した後、塩化白金溶液を加えると、黄色、結晶性の沈殿を生じる。
2　水に溶かして硝酸バリウムを加えると、白色の沈殿を生じる。
3　エーテルに溶かし、ヨードのエーテル溶液を加えると、褐色の液状沈殿を生じ、これを放置すると、赤色の針状結晶となる。また、ホルマリン１滴を加えた後、濃硝酸１滴を加えると、ばら色を呈する。
4　水溶液に金属カルシウムを加え、これにベタナフチルアミン及び硫酸を加えると、赤色の沈殿を生じる。また、アルコール溶液にジメチルアニリン及びブルシンを加えて溶解し、これにブロムシアン溶液を加えると、緑色ないし赤紫色を呈する。

問題　以下の物質について、該当する性状をＡ欄から、代表的な用途をＢ欄から、それぞれ最も適当なものを下から一つ選びなさい。

物　質　名	性状	用途
S・S －ビス（１－メチルプロピル）＝ O －エチル＝ホスホロジチオアート　（別名 カズサホス）	問　65	
１－（６－クロロ－３－ピリジルメチル）－ N －ニトロイミダゾリジン－２－イリデンアミン（別名 イミダクロプリド）	問　66	問　68
２・２´－ジピリジリウム－１・１´－エチレンジブロミド（別名 ジクワット）	問　67	問　69
硫酸タリウム		問　70

【Ａ欄】（性状）
1　淡黄色の結晶。
2　弱い特異臭のある無色結晶。
3　硫黄臭のある淡黄色液体。
4　無色、無臭の油状液体であるが、空気中ではすみやかに褐変する。

【Ｂ欄】（用途）
1　除草剤　　2　殺鼠（そ）剤　　3　殺虫剤　　4　殺菌剤

（特定品目）

問題　以下の物質について、該当する性状をＡ欄から、鑑別方法をＢ欄から、それぞれ最も適当なものを一つ選びなさい。

物　質　名	性状	鑑別方法
過酸化水素水	問　61	問　64
一酸化鉛	問　62	問　65
メチルエチルケトン	問　63	

【Ａ欄】（性状）

1　重い粉末で黄色から赤色までの間の種々のものがある。赤色のものを 720 ℃以上に加熱すると黄色になる。

2　無色の液体でアセトン様の芳香がある。沸点 79.6 ℃である。引火性が大きい。

3　揮発性、麻酔性の芳香を有する無色の重い液体である。油脂類をよく溶解する性質があり、かつ不燃性なので、溶剤として種々の工業に用いられる。

4　無色透明の濃厚な液体で、強く冷却すると稜柱状の結晶に変ずる。

【Ｂ欄】（鑑別方法）

1　あらかじめ熱灼した酸化銅を加えると、ホルムアルデヒドができ、酸化銅は還元されて金属銅色を呈する。

2　希硝酸に溶かすと、無色の液となり、これに硫化水素を通じると、黒色の沈殿を生じる。

3　過マンガン酸カリウムを還元し、クロム酸塩を過クロム酸塩に変える。またヨード亜鉛からヨードを析出する。

4　濃塩酸をうるおしたガラス棒を近づけると、白い霧を生じる。また、塩酸を加えて中和した後、塩化白金溶液を加えると、黄色、結晶性の沈殿を生じる。

問題　以下の物質について、該当する性状をＡ欄から、鑑別方法をＢ欄から、それぞれ最も適当なものを一つ選びなさい。

物　質　名	性状	鑑別方法
水酸化カリウム	問　66	問　69
ホルマリン	問　67	問　70
硝酸	問　68	

【Ａ欄】（性状）

1　赤色又は黄色の粉末で、製法によって色が異なる。酸には容易に溶ける。

2　空気中の酸素によって一部酸化されて、ぎ酸を生じる。

3　きわめて純粋な、水分を含まない本品は、無色の液体で、特有な臭気がある。腐食性が激しく、空気に接すると刺激性白霧を発し、水を吸収する性質が強い。

4　白色の固体で、空気中に放置すると、水分と二酸化炭素を吸収して潮解する。

【Ｂ欄】（鑑別方法）

1　硝酸を加え、さらにフクシン亜硫酸溶液を加えると、藍紫色を呈する。

2　塩酸を加えて中性にした後、塩化白金溶液を加えると、黄色結晶性の沈殿を生じる。

3　銅屑を加えて熱すると、藍色を呈して溶け、その際赤褐色の蒸気を発生する。

4　硝酸銀水溶液を加えると、白い沈殿を生じる。

【平成28年度実施】

（一般）

問題　以下の物質について、該当する性状をA欄から、鑑別方法をB欄から、それぞれ最も適当なものを下から一つ選びなさい。

物　質　名	性状	鑑別方法
ピクリン酸	問　61	問　63
水酸化ナトリウム	問　62	問　64
無機錫塩類		問　65

【A欄】（性状）

1　無色の刺激性の強い液体。還元性が強い。
2　きわめて純粋な、水分を含まないものは、無色の液体で、特有な臭気がある。腐食性が激しく、空気に接すると刺激性白霧を発し、水を吸収する性質が強い。
3　淡黄色の光沢ある小葉状あるいは針状結晶。
4　白色、結晶性のかたいかたまりで、繊維状結晶様の破砕面を現す。水と炭酸を吸収する性質が強い。

【B欄】（鑑別方法）

1　炭の上に小さな孔をつくり、脱水炭酸ソーダの粉末とともに試料を吹管炎で熱灼すると、白色の粒状となる。これに硝酸を加えても溶けない。
2　水溶液を白金線につけて火炎中に入れると、火炎はいちじるしく黄色に染まり、長時間続く。
3　アルコール溶液は、白色の羊毛又は絹糸を鮮黄色に染める。
4　銅屑を加えて熱すると、藍色を呈して溶け、その際赤褐色の蒸気を発生する。羽毛のような有機質を本品の中にひたし、とくにアンモニア水でこれをうるおすと、黄色を呈する。

問題　以下の物質について、該当する性状をA欄から、鑑別方法をB欄から、それぞれ最も適当なものを下から一つ選びなさい。

物　質　名	性状	鑑別方法
ベタナフトール	問　66	問　68
黄燐	問　67	問　69
メタノール		問　70

【A欄】（性状）

1　白色又は淡黄色の蝋様半透明の結晶性固体で、ニンニク臭を有し、44 ℃で溶融し、280 ℃で沸騰する。
2　無色又は淡黄色、発煙性、刺激臭の液体。水と激しく反応する。
3　無色透明、動揺しやすい揮発性の液体で、火をつけると容易に燃える。
4　無色の光沢のある小葉状結晶あるいは白色の結晶性粉末で、かすかにフェノールに類する臭気と、灼くような味を有する。

【B欄】（鑑別方法）

1　水溶液にアンモニア水を加えると、紫色の蛍石彩をはなつ。
2　あらかじめ熱灼した酸化銅を加えると、アルデヒド類ができ、酸化銅は還元されて金属銅色を呈する。

3　暗室内で酒石酸又は硫酸酸性で水蒸気蒸留を行うと、冷却器あるいは流出管の内部に美しい青白色の光が認められる。
4　木炭とともに加熱すると、メルカプタンの臭気をはなつ。

（農業用品目）

問題　以下の物質の鑑別方法について、最も適当なものを下から一つ選びなさい。

物　質　名	鑑別方法
塩化亜鉛	問　61
燐（りん）化アルミニウムとカルバミン酸アンモニウムとの錠剤	問　62
塩素酸カリウム	問　63
硫酸	問　64

1　水に溶かし、硝酸銀を加えると、白色の沈殿を生じる。
2　本物質の希釈水溶液に塩化バリウムを加えると白色の沈殿を生じるが、この沈殿は塩酸や硝酸に溶けない。
3　本物質より発生したガスは、5～10％硝酸銀溶液を吸着させたろ紙を黒変させる。
4　熱すると酸素を発生して塩化物となり、これに塩酸を加えて熱すると、塩素を発する。水溶液に酒石酸を多量に加えると、白色の結晶性の物質を生じる。

問題　以下の物質について、該当する性状をＡ欄から、用途をＢ欄から、それぞれ最も適当なものを下から一つ選びなさい。

物　質　名	性状	用途
ジエチル－Ｓ－（２－オキソ－６－クロルベンゾオキサゾロメチル）－ジチオホスフェイト（別名 ホサロン）	問　65	
２・３・５・６－テトラフルオロ－４－メチルベンジル＝（Ｚ）－（１ＲＳ・３ＲＳ）－３－（２－クロロ－３・３・３－トリフルオロ－１－プロペニル）－２・２－ジメチルシクロプロパンカルボキシラート（別名 テフルトリン）	問　66	問　68
１・１´－ジメチル－４・４´－ジピリジニウムジクロリド（別名 パラコート）	問　67	問　69
ブラストサイジンＳ		問　70

【A 欄】（性状）
1　白色結晶で、メタノールやアセトンに溶け、ネギ様の臭気がある。
2　無色の結晶で臭いはない。水、有機溶媒にあまり溶けない。
3　淡褐色の固体。
4　白色結晶。水に非常に溶けやすく、強アルカリ性の状態で分解する。

【B 欄】（用途）
1　稲のイモチ病に用いる。
2　殺鼠（そ）剤として用いる。
3　コガネムシ類、ネキリムシ類等の土壌害虫の防除に用いる。
4　除草剤として用いる。

（特定品目）

問題　以下の物質について、該当する性状をＡ欄から、鑑別方法をＢ欄から、それぞれ最も適当なものを一つ選びなさい。

物　質　名	性状	鑑別方法
四塩化炭素	問　61	問　64
キシレン	問　62	＼
クロロホルム	問　63	問　65

【Ａ欄】（性状）

1　無色、揮発性の液体で、特異の香気とかすかな甘味を有する。純粋なものは、空気に触れ、同時に日光の作用を受けると分解するが、少量のアルコールを含有させると、分解を防ぐことができる。

2　揮発性、麻酔性の芳香を有する無色の重い液体で、水には溶けにくいが、アルコール、エーテルなどにはよく溶ける。不燃性であるが、さらに揮発して重い蒸気となり、火炎をつつんで空気を遮断するので、強い消火力を示す。

3　重質無色透明の液体で芳香族炭化水素特有の臭いがある。

4　無色透明、油様の液体であるが、粗製のものは、しばしば有機質が混じり、かすかに褐色を帯びていることがある。濃いものは猛烈に水を吸収する。

【Ｂ欄】（鑑別方法）

1　希釈水溶液に塩化バリウムを加えると、白色の沈殿を生じる。この沈殿は硝酸に溶けない。

2　硝酸銀溶液を加えると、黒い沈殿を生じる。

3　レゾルシンと 33 ％水酸化カリウム溶液と熱すると黄赤色を呈し、緑色の蛍石彩をはなつ。その他、ベタナフトールと濃厚水酸化カリウム溶液と熱すると藍色を呈し、空気に触れて緑より褐色に変じ、酸を加えると赤色の沈殿を生じる。

4　アルコール性の水酸化カリウムと銅粉とともに煮沸すると、黄赤色の沈殿を生じる。

問題　以下の物質について、該当する性状をＡ欄から、鑑別方法を Ｂ 欄から、それぞれ最も適当なものを一つ選びなさい。

物　質　名	性状	鑑別方法
ホルマリン	問　66	問　68
メタノール	＼	問　69
一酸化鉛	問　67	問　70

【Ａ欄】（性状）

1　空気中の酸素によって一部酸化されて、ぎ酸を生じる。

2　無色透明の濃厚な液体で、強く冷却すると稜柱状の結晶に変じる。

3　無色透明、動揺しやすい揮発性の液体で、火をつけると容易に燃える。

4　重い粉末で黄色から赤色までの間の様々なものがあり、水にはほとんど溶けない。酸、アルカリにはよく溶ける。

【Ｂ欄】（鑑別方法）

1　サリチル酸と濃硫酸とともに熱すると、芳香あるエステル類を生じる。

2　硝酸を加え、さらにフクシン亜硫酸溶液を加えると藍紫色を呈する。

3　希硝酸に溶かすと、無色の液となり、これに硫化水素を通じると、黒色の沈殿物が生じる。

4　濃塩酸を付けたガラス棒を近づけると、白煙を生じる。

【平成 29 年度実施】

(一般)

問題　以下の物質について、該当する性状をA欄から、鑑別方法をB欄から、それぞれ最も適当なものを下から一つ選びなさい。

物　質　名	性状	鑑別方法
硝酸銀	問　61	問　63
セレン	問　62	問　64
酸化第二水銀		問　65

【A 欄】(性状)

1　無色あるいはほとんど無色透明の液体で、刺激性の臭気をもち、寒冷下では混濁することがある。
2　灰色の金属光沢を有するペレット又は黒色の粉末である。
3　無色透明結晶で、光によって分解して黒変する。
4　無色透明あるいは淡黄色の刺激性の臭気がある液体で、空気に触れると、一部酸化する。

【B 欄】(鑑別方法)

1　炭の上に小さな孔をつくり、脱水炭酸ナトリウムの粉末とともに試料を吹管炎で熱灼すると、特有のニラ臭を出し、冷えると赤色のかたまりとなる。これは濃硫酸に溶け、緑色に変わる。
2　水に溶かして塩酸を加えると、白色沈殿が生じる。その液に硫酸と銅屑を加えて熱すると、赤褐色の蒸気を発生する。
3　アンチピリン及び水を加えて熱すると、クロロホルムの臭気を放つ。
4　小さな試験管に入れて熱すると、はじめ黒色に変わり、さらに熱すると、揮散する。

問題　以下の物質について、該当する性状をA欄から、鑑別方法をB欄から、それぞれ最も適当なものを下から一つ選びなさい。

物　質　名	性状	鑑別方法
三硫化燐(りん)	問　66	問　68
クロルピクリン	問　67	問　69
塩素酸ナトリウム		問　70

【A 欄】(性状)

1　斜方晶系針状晶の黄色又は淡黄色の結晶、あるいは結晶性の粉末である。
2　赤色又は黄色の粉末で、製法によって色が異なる。
3　ガラス状の赤色結晶又は橙黄色粉末である。
4　純品は無色の油状体であるが、市販品はふつう微黄色を呈している。催涙性があり、強い粘膜刺激臭を有する。

【B 欄】(鑑別方法)

1　容易に引火し、沸騰水により徐々に分解して、硫化水素を発生し、酸を生じる。
2　炭の上に小さな孔をつくり、試料を入れ吹管炎で熱灼すると、パチパチ音を立てて分解する。
3　水溶液に金属カルシウムを加え、これにベタナフチルアミン及び硫酸を加えると、赤色の沈殿を生じる。また、アルコール溶液にジメチルアニリン及びブルシンを加えて溶解し、これにブロムシアン溶液を加えると、緑色ないし赤紫色を呈する。
4　硫化水素、硫化ナトリウムにより黒色沈殿を生じる。

（農業用品目）

問題　以下の物質の鑑別方法について、最も適当なものを下から一つ選びなさい。

物　質　名	鑑別方法
無機銅塩類	問　61
クロルピクリン	問　62
硫酸第二銅	問　63
ニコチン	問　64

1　水溶液に金属カルシウムを加え、これにベタナフチルアミン及び硫酸を加えると、赤色の沈殿を生じる。その他、アルコール溶液にジメチルアニリン及びブルシンを加えて溶解し、これにブロムシアン溶液を加えると、緑色ないし赤紫色を呈する。

2　水に溶かして硝酸バリウムを加えると、白色の沈殿を生じる。

3　エーテルに溶かし、沃（よう）素のエーテル溶液を加えると、褐色の液状沈殿を生じ、これを放置すると、赤色の針状結晶となる。その他、ホルマリン１滴を加えた後、濃硝酸１滴を加えると、ばら色を呈する。

4　炭の上に小さな孔をつくり、脱水炭酸ソーダの粉末とともに試料を吹管炎で熱灼すると、赤色のもろいかたまりとなる。

問題　以下の物質について、該当する性状をＡ欄から、取扱い上の注意事項をＢ欄から、それぞれ最も適当なものを下から一つ選びなさい。

物　質　名	性状	取扱い上の注意事項
１－（６－クロロ－３－ピリジルメチル）－Ｎ－ニトロイミダゾリジン－２－イリデンアミン（別名 イミダクロプリド）	問　65	
ジメチル－２・２－ジクロルビニルホスフェイト（別名 ＤＤＶＰ、ジクロルボス）	問　66	問　68
燐（りん）化亜鉛	問　67	問　69
塩素酸カリウム		問　70

【Ａ欄】（性状）

1　無色又はごく薄い黄色のエーテル様の臭気がある透明な液体である。
2　弱い特異臭のある無色結晶である。
3　常温ではクロロホルム様の臭気がある気体である。
4　暗赤色の光沢ある粉末である。

【Ｂ欄】（取扱い上の注意事項）

1　空気中では徐々に炭酸ガスと反応して有毒なガスを発生するので、注意する。
2　アンモニウム塩と混ぜると爆発するおそれがあるので接触させないようにする。
3　アルカリで急激に分解すると発熱するので、分解させるときは希薄な消石灰等の水溶液を用いる。
4　火災等による燃焼、酸との接触及び水との反応で、有毒なホスフィンガスが発生するので、注意する。

(特定品目)

問題　以下の物質について、該当する性状をA欄から、鑑別方法をB欄から、それぞれ最も適当なものを下から一つ選びなさい。

物質名	性状	鑑別方法
アンモニア水	問 61	問 64
ホルマリン	問 62	問 65
塩酸	問 63	

【A欄】(性状)

1 無色あるいはほとんど無色透明の液体で、刺激性の臭気をもち、寒冷下では混濁することがある。

2 無色透明の液体で、濃度 25 %以上のものは、湿った空気中で著しく発煙し、刺激臭がある。

3 無色、揮発性の液体で、特異の香気とかすかな甘味を有する。純粋なものは、空気に触れ、同時に日光の作用をうけると分解するが、少量のアルコールを含有させると、分解を防ぐことができる。

4 無色透明、揮発性の液体で鼻をさすような臭気があり、アルカリ性を呈する。

【B欄】(鑑別方法)

1 濃塩酸を付けたガラス棒を近づけると、白い霧を生じる。

2 硝酸銀溶液を加えると、白い沈殿を生じる。

3 レゾルシンと 33 %水酸化カリウム溶液と熱すると黄赤色を呈し、緑色の蛍石彩を放つ。

4 硝酸を加え、さらにフクシン亜硫酸溶液を加えると藍紫色を呈する。

問題　以下の物質について、該当する性状をA欄から、鑑別方法をB欄から、それぞれ最も適当なものを一つ選びなさい。

物質名	性状	鑑別方法
硝酸	問 66	問 69
メタノール	問 67	問 70
キシレン	問 68	

【A欄】(性状)

1 無色透明、動揺しやすい揮発性の液体で、エタノールに似た臭気をもち、火をつけると容易に燃える。

2 重質無色透明の液体で、芳香族炭化水素特有の臭いがある。

3 きわめて純粋な水分を含まないものは、無色の液体で、特有な臭気がある。腐食性が激しく、空気に接すると刺激性白霧を発し、水を吸収する性質が強い。

4 白色の結晶性粉末で、水によく溶ける。

【B欄】(鑑別方法)

1 水溶液に金属カルシウムを加え、これにベタナフチルアミン及び硫酸を加えると、赤色の沈殿を生じる。

2 水浴上で蒸発すると、水に溶解しにくい白色、無晶形の物質を残す。

3 サリチル酸と濃硫酸とともに熱すると芳香あるエステル類を生じる。

4 銅屑を加えて熱すると、藍色を呈して溶け、その際赤褐色の蒸気を発生する。有機質を本品の中にひたし、特にアンモニア水でこれをうるおすと、黄色を呈する。

【平成 30 年度実施】

(一般)

問題　以下の物質について、該当する性状をＡ欄から、鑑別方法をＢ欄から、それぞれ最も適当なものを下から一つ選びなさい。

物　質　名	性状	鑑別方法
塩素酸ナトリウム	問　61	問　63
ニコチン	問　62	問　64
酸化カドミウム		問　65

【A 欄】(性状)

1　淡黄色の光沢ある小葉状あるいは針結晶で、純品は無臭であるが、普通品はかすかな臭気をもち、苦みがある。
2　白色の正方単斜状結晶で、水に溶けやすく、空気中の水分を吸収して潮解する。
3　純品は無色、無臭の油状液体であるが、空気中ではすみやかに褐変する。水、アルコール、エーテル、石油等に容易に溶ける。
4　刺激臭のある気体で、水によく溶ける。アルコーには溶けるが、エーテルには溶けない。

【B 欄】(鑑別方法)

1　熱すると気体を発生する。また、濃硫酸と冷時反応して、特有の臭気をもつ気体を発生する。
2　フェロシアン化カリウムを加えると白色の化合物が沈殿する。
3　本物質のエーテル溶液に、沃(よう)素のエーテル溶液を加えると、褐色の液状沈殿を生じ、これを放置すると、赤色の針状結晶となる。
4　小さな試験管に入れて熱すると、はじめ黒色に変わり、さらに熱すると、揮散する。

問題　以下の物質について、該当する性状をＡ欄から、鑑別方法をＢ欄から、それぞれ最も適当なものを下から一つ選びなさい。

物　質　名	性状	鑑別方法
クロム酸ナトリウム	問　66	問　68
ブロム水素酸	問　67	問　69
ピクリン酸		問　70

【A 欄】(性状)

1　水分を含まない純品は無色の液体で、特有な臭気がある。空気に接すると刺激性白霧を発する。
2　水和物は青色結晶で加熱すると分解する。水にきわめて溶けやすい。
3　無色透明あるいは淡黄色の刺激性の臭気がある液体で、空気に触れると一部酸化する。
4　十水和物は、黄色結晶で潮解性がある。水に溶けやすく、エタノールにもわずかに溶ける。

【B 欄】(鑑別方法)

1　水溶液にさらし粉溶液を加えて煮沸すると、刺激臭を発する。
2　硝酸銀溶液を加えると、淡黄色の銀化合物が沈殿する。
3　酢酸鉛を加えると、黄色の鉛化合物が沈殿する。
4　銅屑を加えて熱すると、藍色を呈して溶け、その際赤褐色の蒸気を発する。

（農業用品目）

問題　以下の物質について、該当する性状をA欄から、鑑別方法をB欄から、それぞれ最も適当なものを下から一つ選び、その番号を記入しなさい。

物　質　名	性状	鑑別方法
硫酸第二銅	問 61	問 63
塩化亜鉛	問 62	問 64
塩素酸カリウム		問 65

【A欄】（性状）

1　白色結晶で、空気に触れると潮解する。
2　無色透明、動揺しやすい揮発性の液体で、引火性が強い。
3　重い粉末で黄色から赤色まで様々なものがあり、水には溶けない。
4　五水和物は濃い藍色の結晶で、水に溶けやすく、水溶液は青色リトマス紙を赤変させる。

【B欄】（鑑別方法）

1　水に溶かし酒石酸を多量に加えると、白色の結晶を生じる。
2　水に溶かし硝酸バリウムを加えると、白色の沈殿を生じる。
3　水に溶かし硝酸銀を加えると、白色の沈殿塩化物を生じる。
4　銅屑を加えて加熱すると、藍色を呈して溶け、赤褐色の蒸気を発生する。

問 66　燐（りん）化アルミニウムとその分解促進剤とを含有する製剤の性状と鑑別方法に関する以下の記述について、（　）の中に入れるべき字句の正しい組み合わせを下から一つ選びなさい。

大気中の（ア）に触れると、徐々に分解して有毒な燐（りん）化水素ガスを発生する。

発生した燐（りん）化水素ガスは、5～10％硝酸銀溶液を吸着させたろ紙が（イ）することにより検知することができる。

	ア	イ
1	酸素	黒変
2	酸素	黄変
3	湿気	黒変
4	湿気	黄変

問 67　モノフルオール酢酸ナトリウムに関する以下の記述について、（　）の中に入れるべき字句の正しい組み合わせを下から一つ選びなさい。

重い（ア）の粉末で吸湿性があり、酢酸臭を有する。（イ）として使用される。

	ア	イ
1	褐色	殺鼠剤
2	褐色	殺虫剤
3	白色	殺虫剤
4	白色	殺鼠剤

問　68　２・２’－ジピリジリウム－１・１’－エチレンジブロミド(別名ジクワット)に関する以下の記述について、()の中に入れるべき字句の正しい組み合わせを下から一つ選びなさい。

(　ア　)結晶で、水に溶け、腐食性がある。(　イ　)として使用される。

	ア	イ
1	赤褐色	除草剤
2	淡黄色	除草剤
3	淡黄色	土壌改良剤
4	赤褐色	土壌改良剤

問　69　硫酸タリウムに関する以下の記述について、(　　)の中に入れるべき字句の正しい組み合わせを下から一つ選びなさい。

硫酸タリウムは、(　ア　)の結晶であるが、法律により、あせにくい(　イ　)に着色されることが定められている。

	ア	イ
1	無色	黒色
2	無色	赤色
3	黄色	赤色
4	黄色	黒色

問　70　　２－イソプロピル－４－メチルピリミジル－６－ジエチルチオホスフェイト（別名ダイアジノン）に関する以下の記述について、(　)の中に入れるべき字句の正しい組み合わせを下から一つ選びなさい。

(　ア　)として使用される。廃棄方法としては、(　イ　)して処理する。

	ア	イ
1	殺虫剤	焼却
2	殺虫剤	中和
3	除草剤	焼却
4	除草剤	中和

（特定品目）

問題　以下の物質について、該当する性状をＡ欄から、鑑別方法をＢ欄から、それぞれ最も適当なものを下から一つ選びなさい。

物　質　名	性状	鑑別方法
蓚(しゅう)酸	問　61	問　64
ホルマリン	問　62	問　65
重クロム酸ナトリウム	問　63	

【Ａ欄】（性状）

1　無色、可燃性のベンゼン臭を有する液体。水に溶けないが、エタノール、ベンゼン、エーテルには溶ける。

2　無色あるいはほとんど無色透明の液体で、刺激性の臭気をもち、寒冷下では混濁することがある。溶液は中性又は弱酸性を示し、水、アルコールによく混和するが、エーテルには混和しない。

3　二水和物は橙色結晶。潮解性があり、100 ℃で無水物になる。水にきわめて溶けやすい。

4　二水和物は無色、稜柱状の結晶で、乾燥空気中で風化する。注意して加熱すると昇華するが、急に加熱すると分解する。

【Ｂ欄】（鑑別方法）

1　水溶液をアンモニア水で弱アルカリ性にして塩化カルシウムを加えると、白色の沈殿を生じる。

2　硝酸を加え、さらにフクシン亜硫酸溶液を加えると、藍紫色を呈する。

3　過マンガン酸カリウムを還元し、クロム酸塩を過クロム酸塩に変える。また、沃(よう)化亜鉛から沃(よう)素を析出する。

4　濃塩酸をうるおしたガラス棒を近づけると、白い霧を生じる。

問題　以下の物質について、該当する性状をＡ欄から、鑑別方法を B 欄から、それぞれ最も適当なものを一つ選びなさい。

物　質　名	性状	鑑別方法
塩酸	問　66	問　69
酸化第二水銀	問　67	問　70
メタノール	問　68	

【Ａ欄】（性状）

1　赤色又は黄色の粉末で、製法によって色が異なる。酸に容易に溶ける。

2　無色透明、動揺しやすい揮発性の液体で、水、エタノール、エーテルと容易に混和する。

3　無色透明の液体である。種々の金属を溶解し、水素を発生する。

4　白色の結晶である。融点は 485 ℃で、水に溶けにくく、アルコールには溶けない。

【Ｂ欄】（鑑別方法）

1　アルコール溶液に、水酸化カリウム溶液と少量のアニリンを加えて熱すると、不快な刺激性の臭気を放つ。

2　小さな試験管に入れて熱すると、はじめ黒色に変わり、その後分解して金属を残し、さらに熱すると、すべて揮散する。

3　水溶液は過マンガン酸カリウムの溶液を退色させる。

4　硝酸銀水溶液を加えると、白い沈殿を生じる。

【令和元年度実施】

九州全県・沖縄県統一共通①〔福岡県、沖縄県〕

〔実　地〕

（一般）

問題　以下の物質について、該当する性状をA欄から、鑑識法をB欄から、それぞれ最も適当なものを下から一つ選びなさい。

物　質　名	性状	鑑別法
アニリン	問　61	問　63
塩素酸カリウム	問　62	問　64
沃（よう）化水素酸		問　65

【A欄】（性状）

1 輝黄色の安定形と輝赤色の準安定形があり、急熱や衝撃により爆発することがある。
2 純品は無色透明な油状の液体で、特有の臭気がある。空気に触れて赤褐色を呈する。
3 無色の単斜晶系板状の結晶で、水に溶けるが、アルコールには溶けにくい。燃えやすい物質と混合して、摩擦すると爆発することがある。
4 揮発性、麻酔性の芳香を有する無色の重い液体で、不燃性である。溶剤として種々の工業に用いられるが、毒性が強く、吸入すると中毒を起こす。

【B欄】（鑑別方法）

1 水溶液にさらし粉を加えると、紫色を呈する。
2 水溶液に過クロール鉄液を加えると、紫色を呈する。
3 硝酸銀溶液を加えると、淡黄色の沈殿を生じる。
4 熱すると酸素を発生する。水溶液に酒石酸を多量に加えると、白色結晶を生じる。

問題　以下の物質について、該当する性状をA欄から、鑑識法をB欄から、それぞれ最も適当なものを下から一つ選びなさい。

物　質　名	性状	鑑別法
メチルスルホナール	問　66	問　68
ホルマリン	問　67	問　69
硫酸第二銅		問　70

【A欄】（性状）

1　無色の催涙性透明の液体で、刺激性の臭気がある。
2　黄色・レモン色の液体で、吸湿性がある。
3　白色又は灰白色の粉末で、水、熱湯、アルコールに溶けやすい。空気中の炭酸ガスを吸収しやすい。
4　無色無臭の光輝ある葉状結晶である。

【B欄】（鑑別方法）

1　水に溶かして硝酸バリウムを加えると、白色の沈殿を生じる。
2　水浴上で蒸発すると、水に溶けにくい白色、無晶形の物質が残る。
3　木炭とともに熱すると、メルカプタンの臭気を放つ。
4　エーテル溶液に、ヨードのエーテル溶液を加えると褐色の液状沈殿を生じ、これを放置すると、赤色の針状結晶となる。

（農業用品目）

問題　以下の物質の鑑識法について、最も適当なものを下から一つ選びなさい。

物　質　名	鑑識法
アンモニア水	問　61
塩素酸ナトリウム	問　62
クロルピクリン	問　63
硫酸亜鉛	問　64

1　水溶液に金属カルシウムを加え、これにベタナフチルアミン及び硫酸を加えると、赤色の沈殿を生じる。
2　水に溶かして硫化水素を通じると、白色の沈殿を生じる。また、水に溶かして塩化バリウムを加えると、白色の沈殿を生じる。
3　濃塩酸をつけたガラス棒を近づけると、白煙を生じる。また、塩酸を加えて中和した後、塩化白金溶液を加えると、黄色の沈殿を生じる。
4　熱すると、酸素を発生する。また、炭の上に小さな孔をつくり、試料を入れ吹管炎で熱灼すると、パチパチ音を立てて分解する。

問題　以下の物質について、該当する性状をA欄から、用途をB欄から、それぞれ最も適当なものを下から一つ選びなさい。

物　質　名	性状	用途
ジメチルジチオホスホリルフェニル酢酸エチル（別名 フェントエート、PAP）	問　65	
ジメチルー（Nーメチルカルバミルメチル）ージチ オホスフェイト（別名 ジメトエート）	問　66	問　68
２ージフェニルアセチルー１・３ーインダンジオン（別名 ダイファシノン）	問　67	問　69
１・１’ージメチルー４・４’ージピリジニウムジクロ リド（別名 パラコート）		問　70

【A欄】（性状）
1　空気中ですみやかに褐色となる液体で、水、アルコールによく溶ける。
2　白色の固体である。熱に対する安定性は低いが、光には安定である。
3　赤褐色、油状の液体である。芳香性刺激臭があり、水に溶けない。
4　黄色の結晶性粉末である。アセトン、酢酸に溶けるが、水には溶けない。

【B欄】（鑑別方法）
1　殺菌剤　　2　殺鼠(そ)剤　　3　殺虫剤　　4　除草剤

（特定品目）

問題　以下の物質について、該当する性状をA欄から、鑑識法をB欄から、それぞれ最も適当なものを下から一つ選びなさい。

物　質　名	性状	鑑別法
過酸化水素水	問　61	問　64
硝酸	問　62	問　65
蓚(しゅう)酸	問　63	

【A欄】（性状）
1　10倍の水、2.5倍のアルコールに溶けるが、エーテルには溶けにくい。無水物は無色無 臭の吸湿性物質である。
2　腐食性が激しく、空気に接すると刺激性白霧を発し、水を吸収する性質が強い。
3　無色透明、揮発性の液体で、鼻をさすような臭気があり、アルカリ性を呈する。
4　無色透明の液体で、強く冷却すると稜柱状の結晶に変わる。また、強い殺菌力をもつ。

【B欄】（鑑別法）
1　過マンガン酸カリウムを還元し、クロム酸塩を過クロム酸塩に変える。
2　濃塩酸をうるおしたガラス棒を近づけると、白い霧を生じる。
3　希釈水溶液に塩化バリウムを加えると、白色の沈殿を生じる。
4　銅屑を加えて熱すると、藍色を呈して溶け、その際、赤褐色の蒸気を発生する。

問題　以下の物質について、該当する性状をA欄から、鑑識法をB欄から、それぞれ最も適当なものを下から一つ選びなさい。

物　質　名	性状	鑑別法
四塩化炭素	問　66	問　69
ホルマリン	問　67	問　70
一酸化鉛	問　68	

【A欄】（性状）

1　無色の催涙性透明液体で、刺激性の臭気をもち、低温では混濁するので常温で保存する。

2　重い粉末で、黄色から赤色までのものがあり、赤色粉末を720℃以上に加熱すると黄色になる。

3　不燃性で、揮発して重い蒸気となる。火炎を包んで空気を遮断するため、強い消火力を示す。

4　白色結晶で、水に溶けにくく、アルコールにも溶けない。

【B欄】（鑑別法）

1　硝酸銀溶液を加えると、白い沈殿を生じる。

2　フェーリング溶液とともに熱すると、赤色の沈殿を生じる。

3　サリチル酸と濃硫酸とともに熱すると、芳香のあるサリチル酸メチルエステルを生成する。

4　アルコール性の水酸化カリウムと銅粉とともに煮沸すると、黄赤色の沈殿を生じる。

九州全県・沖縄県統一共通②
〔佐賀県、長崎県、熊本県、大分県、宮崎県、鹿児島県〕

（一般）

問題　以下の物質について、該当する性状をA欄から、鑑識法をB欄から、それぞれ最も適当なものを下から一つ選びなさい。

物質名	性状	鑑別法
四塩化炭素	問 61	問 63
メタノール	問 62	問 64
過酸化水素水		問 65

【A欄】（性状）

1　無色透明の揮発性の液体で、可燃性である。水、エタノール、エーテル、クロロホルムと混和する。
2　無色透明の液体で、芳香族炭化水素特有の臭いがあり、水にほとんど溶けない。
3　揮発性、麻酔性の芳香を有する無色の重い液体で、不燃性である。溶剤として種々の工業に用いられるが、毒性が強く、吸入すると中毒を起こす。
4　無色又は淡黄色透明の液体で、光により分解して褐色となる。水、エタノール、エーテルと混和する。

【B欄】（鑑識法）

1　ヨード亜鉛からヨードを析出する。
2　アルコール性の水酸化カリウムと銅粉とともに煮沸すると、黄赤色の沈殿を生成する。
3　サリチル酸と濃硫酸とともに熱すると、芳香のあるエステルを生成する。
4　暗室内で酒石酸又は硫酸酸性下で水蒸気蒸留を行うと、冷却器内又は流出管内に青白色の光が見られる。

問題　以下の物質について、該当する性状をA欄から、鑑識法をB欄から、それぞれ最も適当なものを下から一つ選びなさい。

物質名	性状	鑑別法
フェノール	問 66	問 68
三硫化燐（りん）	問 67	問 69
硝酸銀		問 70

【A欄】（性状）

1　無色の針状結晶又は白色の放射状結晶塊で、空気中で容易に赤変する。特異の臭気がある。
2　無色透明結晶で、光によって分解して黒変する。
3　白色又は灰白色の粉末で、水、熱湯、アルコールに溶ける。空気中の炭酸ガスを吸収しやすい。
4　黄色又は淡黄色の斜方晶系針状晶の結晶、あるいは結晶性粉末である。

【B欄】（鑑識法）

1　水溶液に塩酸を加えると、白色の沈殿物を生じる。
2　水溶液に金属カルシウムを加え、ベタナフチルアミン及び硫酸を加えると、赤色の沈殿を生じる。
3　火炎に接すると容易に引火する。沸騰水により徐々に分解し、有毒なガスを発生する。
4　水溶液に塩化鉄(Ⅲ)液(過クロール鉄液)を加えると紫色を呈する。

(農業用品目)

問題　以下の物質の原体の色として、最も適当なものを下から一つ選びなさい。

物　質　名	色
３－(６－クロロピリジン－３－イルメチル)－１・３－チ アゾリジン－２－イリデンシアナミド　(別名 チアクロプリド)	問　61
２・２－ジメチル－１・３－ベンゾジオキソール－４－イル －Ｎ－メチルカルバマート　(別名 ベンダイオカルブ)	問　62
アンモニア	問　63

1 白色　　2 無色　　3 赤褐色　　4 黄色

問題　以下の物質の性状として、最も適当なものを下から一つ選びなさい。

物　質　名	性状
２・４・６・８－テトラメチル－１・３・５・７－テトラオキソカン　(別名 メタアルデヒド)	問　64
ジエチル－Ｓ－(エチルチオエチル)－ジチオホスフェイト　(別名 エチルチオメトン、ジスルホトン)	問　65
２・３－ジヒドロ－２・２－ジメチル－７－ベンゾ[ｂ]フラニ ル－Ｎ－ジブチルアミノチオ－Ｎ－メチルカルバマート　(別名 カルボスルファン)	問　66

1　白色の粉末で、強酸化剤と混合すると反応が起こる。
2　無色～淡黄色の液体で、特有の臭気がある。
3　褐色の粘稠液体である。
4　濃い藍色の結晶で、無水物は白色の粉末である。

問題　以下の物質の鑑識法について、最も適当なものを下から一つ選びなさい。

物　質　名	鑑識法
酢酸第二銅 (別名 酢酸銅(Ⅱ))	問　67
塩素酸コバルト	問　68
ニコチン	問　69
硝酸亜鉛	問　70

1　硫酸酸性水溶液に、ピクリン酸溶液を加えると、黄色結晶を沈殿する。
2　アンモニアと反応し、白色のゲル状の沈殿を生じるが、過剰のアンモニアでアンモニア錯塩を生成し、溶解する。
3　亜硝酸等の還元剤で塩化物を生成する。
4　水溶液は水酸化ナトリウム溶液と反応し、冷時青色の沈殿を生じる。

（特定品目）

問題　以下の物質について、該当する性状をA欄から、鑑識法をB欄から、それぞれ最も適当なものを下から一つ選びなさい。

物　質　名	性状	鑑識法
酸化第二水銀	問 61	問 64
アンモニア水	問 62	問 65
酢酸エチル	問 63	

【A欄】（性状）

1　無色透明、揮発性の液体で、鼻をさすような臭気があり、アルカリ性を呈する。
2　強い果実様の香気がある、無色の液体である。
3　無色透明の高濃度な液体で、強く冷却すると稜柱状の結晶に変わる。また、強い殺菌力をもつ。
4　赤色又は黄色の粉末で、製法によって色が異なる。一般に赤色の粉末の方が粉が粗く、化学作用もいくぶん劣る。水に溶けにくいが、酸には溶けやすい。

【B欄】（鑑識法）

1　小さな試験管に入れて熱すると、はじめ黒色に変わり、さらに熱すると、完全に揮散してしまう。
2　過マンガン酸カリウムを還元し、クロム酸塩を過クロム酸塩に変える。
3　銅屑を加えて熱すると、藍色を呈して溶け、その際赤褐色の蒸気を発生する。
4　濃塩酸をうるおしたガラス棒を近づけると、白い霧を生じる。

問題　以下の物質について、該当する性状をA欄から、鑑識法をB欄から、それぞれ最も適当なものを下から一つ選びなさい。

物　質　名	性状	鑑識法
ホルマリン	問 66	問 69
塩酸	問 67	問 70
水酸化ナトリウム	問 68	

【A欄】（性状）

1　無色透明の液体で、25％以上のものは、湿った空気中で発煙し、刺激臭がある。
2　催涙性がある無色透明な液体で、刺激臭がある。空気中の酸素によって一部酸化され、ぎ酸を生じる。
3　結晶性の硬い白色の固体で、繊維状結晶様の破砕面を現す。水と炭酸を吸収する性質が強く、空気中に放置すると、潮解して徐々に炭酸塩の皮層を形成する。
4　常温においては窒息性臭気をもつ黄緑色の気体で、冷却すると黄色溶液を経て、黄白色固体となる。

【B欄】（鑑識法）

1　希硝酸に溶かすと、無色の液となり、これに硫化水素を通すと、黒色の沈殿を生成する。
2　硝酸銀溶液を加えると、白い沈殿を生じる。
3　過マンガン酸カリウムの溶液の赤紫色を消す。
4　硝酸を加え、さらにフクシン亜硫酸溶液を加えると、藍紫色を呈する。

解答・解説編
〔筆記〕
〔法規、基礎化学、性質・貯蔵・取扱〕

〔法規編〕

【平成 27 年度実施】

（一般・農業用品目・特定品目共通）

問 1

〔解説〕　1

解答のとおり。

問 2

〔解説〕　4

解答のとおり。

問 3

〔解説〕　3

この設問では毒物であるものはどれかとあるので、３の黄燐が毒物である。因みに毒物については、法第２条第１項→法別表第一で指定されている。なお、アンモニア、ギ酸は劇物である。また、エタノールは毒劇法で指定されていない。

問 4

〔解説〕　3

この設問では劇物であるものはどれかとあるので、３のメタノールが劇物である。因みに劇物については、法第２条第２項→法別表第二で指定されている。なお、水銀は毒物、赤燐は毒劇法で指定されていないので、普通物である。また、四アルキル鉛は特定毒物である。

問 5

〔解説〕　1

この設問では特定毒物であるものはどれかとあるので、１のモノフルオール酢酸が特定毒物である。因みに特定毒物については、法第２条第３項→法別表第三で指定されている。なお、この設問にあるシアン化水素、セレン、砒素は毒物である。

問 6

〔解説〕　1

解答のとおり。

問 7

〔解説〕　1

この設問の政令第 17 条に規定されているジメチルエチルメチルメルカプトエチルチオホスフエイトの用途は、かんきつ類、りんご、なし、ぶどう、桃、あんず、梅、ホップ、なたね、桑、しちとう、い又は食用に供されることがない鑑賞用植物若しくはその球根の害虫の防除で、その使用者として国、地方公共団体、農業協同組合及び農業者の組織する団体であって都道府県知事の指定を受けたものと規定されている。

問 8

〔解説〕　4

解答のとおり。

問 9

〔解説〕　2

この設問の発火性又は爆発性の劇物について、次のものが政令第 32 条の３で規定されている。①亜塩素酸ナトリウム 30 ％以上を含有するもの、②塩素酸塩類 35 ％以上を含有するもの、③ナトリウム、④ピクリン酸である。

問 10

〔解説〕　4

この設問で誤っているものをどれかとあるので、４が誤り。４の特定品目販売業の登録を受けた者は、法第４条の３第２項→施行規則第４条の３→施行規則別表第二に掲げる 20 品目のみであり、この設問である特定毒物を販売することはできない。なお、１は法第４条第１項のこと。２は法第４条第３項のこと。３は法第４条第４項のこと。

問 11

〔解説〕　4
この設問は毒物又は劇物の輸入業の営業所及び販売業の店舗の設備基準のことは、施行規則第４条の４第２項のことである。この設問では該当しないものとあるので４の設問は該当しない。なお、４の設問は製造業の設備基準としては該当する。

問　12

〔解説〕　4
この設問では正しいものを選びなさいとあるので、４が正しい。４は法第７条第２項における同一店舗２業種のこと。なお、１は法第８条第２項第一号により 18 歳未満の者と規定されているので、この設問で 18 歳の者とあるので毒物劇物取扱責任者になることができる。２は 15 日以内ではなく、30 日以内に、その店舗の所在地のある都道府県知事へ届け出なければならないである。このことは法第７条第３項のこと。３は法第８条第２項第四号のことで、薬事の罪を犯し、罰金以上の刑に処せられ、３年を経過していない者と規定されている。このことからこの設問にある道路交通法違反については該当しない。よって誤り。

問　13

〔解説〕　3
この設問の法第 10 条は届出のことで、誤っているものはどれかとあるので３が誤り。この設問にある販売する毒物又は劇物の品目の廃止については届出を要しない。

問　14

〔解説〕　2
この設問は毒物又は劇物の取扱いについてで、誤っているものはどれかとあるので２が誤り。２については法第 11 条第４項→施行規則第 11 条の４により、すべての毒物又は劇物における飲食物容器の使用禁止である。

問　15

〔解説〕　3
この設問の法第 12 条は毒物又は劇物の表示についての規定である。解答のとおり。

問　16

〔解説〕　2
この設問は法第 12 条第２項における容器及び被包表示についての掲げる事項のことで、正しいものはどれかとあるので２が正しい。

問　17

〔解説〕　2
この設問は法第 12 条第２項第三号→施行規則第 11 条の５における解毒剤の表示のこと。

問　18

〔解説〕　1
この設問は法第 13 条→施行令第 39 条→施行規則第 12 条において着色する農業品目として、①硫酸タリウムを含有する製剤、②燐化亜鉛を含有する製剤たる劇物については、<u>あせにくい黒色</u>に着色する規定されている。

問　19

〔解説〕　2
この設問は法第 14 条第１項において毒物又は劇物の譲渡手続について、書面に記載する事項が掲げられている。この設問では該当しないものとあるので２である。

問　20

〔解説〕　2
この設問は法第 15 条第２項→法第３条の４で政令第 32 条の３で規定されているものとは①亜塩素酸ナトリウム 35 %以上を含有するもの、②塩素酸塩類 30 %以上を含有するもの、③ナトリウム、④ピクリン酸については交付を受ける者の氏名及び住所を交付してはならない規定されている。

問　21

〔解説〕　2
解答のとおり。

問　22

〔解説〕　4

この設問は施行令第40条の5→施行令別表第二に掲げられている硫酸ことで正しいものはどれかとあるので4が正しい。4は施行令第40条の5第2項第三号→施行規則第13条の8→施行規則別表第五に規定されている。なお、1と2は施行規則第13条の5のことで、1は0.5㎡ではなく0.3平方メートルである。また、2は地を黒色、文字を白色として「毒」と表示しなければならないであ。3は施行規則第13条の4第二号により、1日9時間を超える場合は、運転手のほか交替して運転する者を同乗させなければならないである。

問 23

〔解説〕　1

この設問は毒物又は劇物についての性状及び取扱いについての情報提供のことで、施行令第40条の9第1項→施行規則第13条の12により、提供しなければならない情報の内容が規定されている。この設問では該当しないものとあるので1の毒物劇物取扱責任者の氏名は該当しないである。

問 24

〔解説〕　3

この設問は法第16条の2第1項は事故の際の措置についてのことである。解答のとおり。

問 25

〔解説〕　2

この設問の法第17条は立入検査等のこと。解答のとおり。

【平成28年度実施】

（一般・農業用品目・特定品目共通）

問　1

〔解説〕　2

解答のとおり

問　2

〔解説〕　3

この設問は法第２条第２項の規定のこと。

問　3

〔解説〕　4

この設問は法第２条第１項→法別表第１→指定令第１条における毒物のこと。

問　4

〔解説〕　1

この設問は法第２条第２項→法別表第２→指定令第２条における劇物のこと。１の２－(ジエチルアミノ)エタノールは、0.7 %以下は劇物から除外であるが、設問では１%を含有する製剤とあるので劇物。２のエタノール及び３のイソプロピルアルコールは毒劇法には該当しない。また、メタノールは原体のみが劇物として指定されているが、この設問にあるような「●●%含有する製剤」は劇物から除外。

問　5

〔解説〕　3

解答のとおり。

問　6

〔解説〕　3

この設問では誤っているものはどれかとあるので、毒物又は劇物の販売業については、法第３条第３項により毒物又は劇物を輸入することはできない。

問　7

〔解説〕　1

解答のとおり。なお、特定毒物研究者が特定毒物を使用するにあたっては、法第３条第４項及び第４項で使用の限定が規定されている。

問　8

〔解説〕　4

法第３条の２第９項→施行令第２条で、赤色、青色、黄色又は緑色と規定されている。よって４の黒色が誤り。

問　9

〔解説〕　1

法第３条の３→施行令第32条の２において、①トルエン、②酢酸エチルを含有するシンナーである。なお、酢酸エチルが単独ではない。

問　10

〔解説〕　4

この設問の製造業、輸入業及び販売業については、法第４条第４項のこと。また、特定毒物研究者については法第６条の２において都道府県知事による許可であって登録の更新ではない。このことからこの設問で正しいのは、ウのみである。

問　11

〔解説〕　4

この設問における毒物又は劇物の販売品目等の制限についてで、正しいのは４である。４の一般毒物劇物取扱者試験に合格した者は、全ての毒物又は劇物を販売することができる。なお、１は法第４条の３第１項→施行規則第４条の２→施行規則別表第一に掲げられている品目のみである。２は法第８条第４項により、この設問の場合は毒物劇物取扱責任者になることができる。３は法第８条第４項→法第４条の３第１項→施行規則第４条の２→施行規則別表第一に掲げられている品目のみである。

問　12

〔解説〕　1

この設問は、施行規則第４条の４第１項における製造所等の設備基準についで、設問は全て正しい。

問　13

〔解説〕　4

この設問は法第８条における毒物劇物取扱責任者のことで、誤っている者はどれかとあるので４の薬剤師については法第８条第１項第一号で毒物劇物取扱責任者となることができる。なお、４の毒物又は劇物に関する業務経験についての規定はない。

問　14

〔解説〕　4

この設問は法第 10 条の届出のことで、ウとエが正しい。なお、アの毒物又は劇物の販売する品目を変更することについては届出を要しない。また、イの毒物又は劇物の廃棄についても届出を要しない。

問　15

〔解説〕　4

この設問の法第 11 条は毒物又は劇物の取扱いのこと。また、法第 12 条は毒物又は劇物の表示のことで、誤っているものはどれかとあるので、４が誤り。４は法第 12 条第３項のことで、劇物については「劇物」の文字を表示しなければならないである。１、２、３は法第 11 条の毒物又は劇物の取扱いのこと。

問　16

〔解説〕　1

この設問は法第 11 条第４項→施行規則第 11 条の４のこと。

問　17

〔解説〕　3

この設問は法第 12 条第１項のこと。解答のとおり。

問　18

〔解説〕　3

この設問は法第 14 条の毒物又は劇物の譲渡手続における書面に記載する事項で、①毒物又は劇物の名称及び数量、②販売又は授与の年月日、③譲受人の氏名、職業及び住所のことで、該当しないものとあるので３の譲受人の生年月日である。

問　19

〔解説〕　3

この設問は法第 14 条第４項により、譲受人から提出を受ける書面は５年間保存しなければならないである。

問　20

〔解説〕　3

施行令第 30 条は、燐化アルミニウムとその分解促進剤とを含有する製剤についての使用方法の基準のことで、燻蒸中は指定された場所で行わなければならないである。このことから３が誤り。

問　21

〔解説〕　1

この設問では誤っているものはどれかとあるので、２は施行令第 40 条の４第１項第三号で正しい。３は施行令第 40 条の３第１項第一号で正しい。４は施行令第 40 条の２第５項第二号で正しい。以上から１については法の規定のいずれにも該当しない。

問　22

〔解説〕　1

この設問は施行令第 40 条の５第２項第三号→施行規則第 13 条の６→施行規則別表第５にクロルピクリンについての車両に備えなければならない保護具が掲げられている。クロルピクリンについての保護具は、①保護手袋、②保護長ぐつ、③保護衣、④有機ガス用防毒マスクである。

問　23

〔解説〕　4

この設問は施行令第 40 条の６第１項→施行規則第 13 条の７における運搬を他に委託(車両、鉄道)する場合、荷送人が運送人に対して、あらかじめ交付しなければならない書面の内容は、①毒物又は劇物の名称、②毒物又は劇物の名称、成分及びその含量、③毒物又は劇物の数量、④事故の際に講じなければならない応急措置の内容である。

問　24

〔解説〕　3

この設問は法第 22 条第 1 項→施行令第 41 条及び第 42 条の業務上取扱者の届出のこと。解答のとおり。

問　25

〔解説〕　3

この法第 24 条の 2 は法第 3 条の 3（興奮、幻覚又は麻酔の作用を有する毒物又は劇物）及び法第 3 条の 4（発火性又は爆発性のある劇物）についての罰則規定のこと。解答のとおり。

【平成29年度実施】

（一般・農業用品目・特定品目共通）

問１　3

〔解説〕

解答のとおり。

問２　1

〔解説〕

この設問は法第２条第２項に示されている。劇物に該当するのはアのトルイシジンとウのカリウムである。他のニコチン、弗化水素は毒物。

問３　2

〔解説〕

法第３条の３→施行令第32条の２のことで、①トルエン、②酢酸エチル、トルエン又はメタノールを含有する　・接着剤、塗料及び閉そく用又はシーリングの充てん剤のことが定められている。なお、酢酸エチルは単独ではない。酢酸エチル及びメタノールを含有する…の場合は該当する。

問４　4

〔解説〕

この設問では正しいものはどれかとあるので、４が正しい。４は法第３条の２第８項のこと。特定毒物の使用者の限定。なお、１は法第４条第３項により、その店舗の所在地の都道府県知事に申請書を出さなければならない。このことから設問にある法人ごとではない。２は法第４条第４項の登録の更新のことで、製造業又は輸入業は、５年ごとに更新で、販売業の登録の更新は、６年ごとに更新を受けなければならないである。３は法第３条の２第４項で特定毒物研究者は学術研究以外の用途に供してはならないである。

問５　1

〔解説〕

この設問は、法第10条第１項第三号→施行規則第10条の２における営業者の届出事項についてで、すべて正しい。

問６　4

〔解説〕

この設問は、法第11条における取扱いについてで、誤っているものはどれかとあるので、４が誤り。４は法第11条第４項→施行規則第11条の４によりすべての毒物及び劇物の飲食物容器の使用禁止と規定されている。このことは平成11年９月29日厚生省令第84号により施行規則第11条の４が改正され、すべての劇物が飲食物容器の使用禁止となる。これに伴い別表第三が削除された。

問７　1

〔解説〕

廃棄方法については法第15条の２→施行令第40条で示されている。解答のとおり。

問８　2

〔解説〕

この設問は毒物又は劇物の容器及び被包についての表示のこと。解答のとおり。

問９　4

〔解説〕

この設問は法第12条の毒物又は劇物の表示についてで、正しいのはどれかとあるのでウとエが正しい。ウは法第12条第２項第四号→施行規則第11条の６第１項第四号における分売小分けのこと。エは法第12条第２項のこと。解答のとおり。なお、アについては、成分を表示することなくとあるので法第12条第２号第二号に表示することと示されている。イについては、すべての毒物でなく法第12条第２項第三号→施行規則第11条の５で、有機燐化合物及びこれを含有する製剤たる毒物又は劇物で、解毒剤として①２－ピリジルアルドキシムメチオダイド（別名PAM）の製剤、②硫酸アトロピンの製剤である。

問10　3
〔解説〕
この設問は着色する農業用品目でイとウがた正しい。法第 13 条→施行令第 39 条により着色すべき劇物は、①硫酸タリウムを含有する製剤、②燐化亜鉛を含有する製剤のことで、着色すべき色は施行規則第 12 条で、あせにくい黒色と規定されている。
問11　3
〔解説〕
この設問は法第 14 条第１項に示されている。解答のとおり。
問12　4
〔解説〕
この設問は施行令第 49 条の９における毒物又は劇物の性状及び取扱いについてての情報提供のこと。正しいものはどれかとあるので、４が正しい。４については施行規則第 13 条の 11 で、①文書の交付、②磁気ディスクの交付その他の方法である。以上の方法で情報を提供することで譲受人が承諾したもの。なお、１については施行令第 49 条の９第１項ただし書規定により、この１にあるような既に当該情報が行われている場合は情報提供を要しない。２については毒物とあるので、取扱量の多少にかかわらず情報提供の対象となり得る。よって誤り。３についていは、又は水酸化ナトリウムを含有する製剤たる劇物とあるので、この品目の場合は情報提供を要する。
問13　2
〔解説〕
この設問は毒物又は劇物の性状及び取扱いについての情報提供の内容のことで、そのことは施行規則第 13 条の 12 に規定に示されている。いわゆる化学物質データシートのことで MSDS とも言い、危険有害化学物質の総合安全管理を具体的に実行するために作成する情報提供に関する文書である。以上のことから正しいのはアとウである。
問14　1
〔解説〕
この設問は法第 15 条における毒物又は劇物の交付の制限等のことで、正しいのはアとイである。アは法第 15 条第１項第三号に示されている。イは法第 15 条第１項第二号→施行規則第４条の７、施行規則第 12 条の２の５のこと。なお、ウについては 18 以上の者の作成した譲受書であっても受け取る人が 18 歳未満の者とあるので、法第 15 条第１項第一号で交付してはならない規定されている。エについては氏名及び住所の確認をした後でなければと規定されているので、この設問にある氏名及び本籍地を確認するためではない。このことは法第 15 条第２項→施行規則第 12 条の２の６に示されている。
問15　4
〔解説〕
この設問は施行令第 40 条の６→施行規則第 13 条の７については毒物又は劇物を他に委託する際に、その荷送人は、運送人に対してあらかじめ交付しなければ書面の内容とは、①毒物又は劇物の名称、②毒物又は劇物の成分及び数量、③毒物又は劇物の数量、④事故の際に講じなければならない応急の措置の内容である。このことからこの設問では定められていないものとあるので４が該当する。
問16　2
〔解説〕
法第 16 条の２第２項は盗難紛失の措置のこと。解答のとおり。
問17　4
〔解説〕
法第 17 条は立入検査等のこと。解答のとおり。
問18　3
〔解説〕
この設問は法第 11 条第２項で毒物又は劇物を含有する物について、施行令第 38 条に定められている。この設問で定められていないものとあるので、３のモノクロ酢酸を含有する液体状の物が該当する。

問19　1

〔解説〕

法第16条の2第1項とは事故の際の措置のこと。解答のとおり。

問20　2

〔解説〕

法第4条の2は販売業の種類のことで、①一般販売業の登録、②農業用品目販売業の登録、③特定品目販売業の登録の3種類である。

問21　3

〔解説〕

この設問は業務上取扱者の届出のことで、法第22条→施行令第41条、同42条→施行規則第13条の13に示されている事業者は業務上取扱者の届出を要する。このことからイとエは業務上取扱者の届出を要する。なお、アについては廃液の処理を行う事業ではなく、①電気めっきを行う事業、②金属熱処理を行う事業について業務上取扱者の届出を要する。ウについては500Lの容器で大型自動車に積載したアクリルニトリルとあるので、施行規則第13条の13により該当しない。

問22　3

〔解説〕

この設問は毒物又は劇物を運搬する車両に掲げる標識の規定のこと。解答のとおり。

問23　1

〔解説〕

この設問は法第5条→施行規則第4条の4第1項における製造所の基準についてのことで、すべて正しい。

問24　4

〔解説〕

この設問は法第3条の2における特定毒物のことで、誤っているものはどれかとあるので、4が誤り。4の特定毒物使用者は特定毒物を輸入することはできない。なお、特定毒物を輸入することが出来るのは、①毒物又は劇物の輸入業者、②特定毒物研究者である。

問25　1

〔解説〕

法第24条の2は、法第3条の3での興奮、幻覚又は麻酔の作用を有する毒物又は劇物についての罰則規定のこと。

【平成 30 年度実施】

（一般・農業用品目・特定品目共通）

問１　1

〔解説〕

解答のとおり。

問２　3

〔解説〕

この設問では毒物に指定されているものはどれかとあるので１の硫酸タリウムが毒物である。なお、毒物及び劇物についての指定は法第２条により定められている。毒物は法第２条第１項→法別表第一で指定。劇物は法第２条第２項→法別表第二で指定。

問３　2

〔解説〕

解答のとおり。

問４　2

〔解説〕

この設問では誤っているものはどれかとあるので、２が誤り。２については、法第３条第３項ただし書規定のことで、毒物又は劇物の〔①製造業者、②輸入業者、③販売業者〕間において、自ら製造、輸入した毒物又は劇物を販売又は授与するがことできるが、この設問では特定毒物研究者とあるので販売又は授与することは出来ない。なお、１は法第４条の２に示されている。３は法第５条に示されている。４は法第４条の登録については、法第６条の登録事項に示されている。

問５　1

〔解説〕

法第３条の４→施行令第 32 条の３のことで、①亜塩素酸ナシリウム 30 %以上、②塩素酸塩類 35 %以上、③ナトリウム、④ピクリン酸にさいては業務上正当な理由を除いては、所持してならないと定められている。このことから１のナトリウムが該当する。

問６　4

〔解説〕

この設問は、毒物又は劇物の製造業者、輸入業者、販売業者、特定毒物研究者、特定毒物使用者における特定毒物についての製造、輸入、使用、譲り渡し、譲り受け等のことで、法第３条の２示されている。このことから正しいのは、イとエである。イは法第３条の２第６項及び第７項。エは法第３条の２第５項に示されている。なお、アは特定毒物研究者は、学術研究に限り特定毒物を輸入することができる。ウは特定毒物使用者は、特定毒物を製造及び輸入することはできない。また、特定毒物使用者は、品目〔特定毒物〕について政令で定められているもののみ使用することができる。

問７　3

〔解説〕

この設問は施行規則第４条の４第２項における毒物又は劇物の輸入業の営業所又は販売業についての設備等の基準についてで正しいのは、イとエである。なお、アとウは製造所の設備基準のこと。よつて誤り。

問８　３

〔解説〕

この設問では誤っているものはどれかとあるので、３が誤り。３は法第８条第２項第四項で、１年を経過した者ではなく、３年を経過した者である。なお、１の一般毒物劇物取扱者試験に合格した者は、全ての毒物及び劇物を取り扱えることができる。設問のとおり。２は法第７条第３項に示されている。４は法第７条第２項に示されている。

問９　３

〔解説〕

法第 10 条の届出のことで正しいのは、３である。法第 10 条第１項第四号に示されている。なお、１．２、３については．何ら届け出を要しない。

問 10　２

〔解説〕

法第 11 条第４項は、毒物又は劇物の飲食物容器の使用禁止のこと。解答のとおり。

問 11　４

〔解説〕

毒物又は劇物の容器及び被包の表示事項は、①毒物又は劇物の名称、②毒物又は劇物の成分及びその含量、③厚生労働省令で定める定める解毒剤の名称のことで、この設問では定められていないものとあるので、４の廃棄方法が該当する。

問 12　１

〔解説〕

この設問は法第 12 条第２項→施行規則第 11 条の６第二号における住宅用の洗浄剤で液体状について販売する際、毒物又は劇物の容器及び被包に表示しなければならない事項が規定されている。この設問では定められていないものとあるので、１が該当する。

問 13　２

〔解説〕

解答のとおり。

問 14　１

〔解説〕

解答のとおり。

問 15　３

〔解説〕

解答のとおり。

問 16　１

〔解説〕

業務上取扱者とは、①電気めつき行う事業〔シアン化ナトリウム、無機シアン化合物たる毒物及びこれを含有する製剤〕、②金属熱処理を行う事業、③大型運送業〔最大積載量 5,000kg 以上、内容積が四アルキル鉛 200 ㍑以上、それ以外の毒物又は劇物 1000 ㍑以上〕、④しろありの防除を行う事業〔砒素化合物〕については届出を要する。このことから正しいのは、アとウである。

問 17　２

〔解説〕

法第４条第４項は、登録の更新のこと。解答のとおり。

問 18　1

〔解説〕

この設問は毒物又は劇物他に委託する場合のことで施行令第 40 条の 6 第 1 項→施行規則第 13 条の 7 のこと。

問 19　1

〔解説〕

この設問は施行令第 40 条の 9 における毒物又は劇物の性状及び取扱いにいての情報提供のことで、ア、イ、エが正しい。なお、ウについては施行令第 40 条の 9 第 1 ただし書→施行規則第 13 条の 10 において、劇物が 1 回につき 200mg 以下の場合、性状及び取扱いを省略することができる。この設問では毒物とあるので、取扱量の多少にかかわらず情報提供の対象となる。よつて誤り。

問 20　2

〔解説〕

この設問は特定毒物である四アルキル鉛を含有する製剤、モノフルオール酢酸の塩類を含有する製剤、ジメチルエチルメルカプトエチルチオホスフエイトを含有する製剤、モノフルオール酢酸アミドを含有する製剤についての着色規定のことで正しいのは、2 が正しい。2 のモノフルオール酢酸の塩類を含有する製剤の着色は、深紅色〔施行令第 12 条第二号〕、なお、四アルキル鉛を含有する製剤の着色は、赤色、青色、黄色又は緑色である。ジメチルエチルメルカプトエチルチオホスフェイトを含有する製剤の着色は、紅色である。モノフルオール酢酸アミドを含有する製剤の着色は、青色である。

問 21　4

〔解説〕

解答のとおり。

問 22　2

〔解説〕

この設問は、毒物又は劇物の運搬方法のことで誤っているのはどれかとあるので、2 が誤り。2 は毒物又は劇物を運搬する車両に掲げる標識のことで、設問にある地を赤色、文字を白色として「劇」ではなく、地を黒色、文字を白色として「毒」と表示しなければならないである。〔施行令第 40 条の 5 第 2 項第二号→施行規則第 13 条の 5〕

問 23　1

〔解説〕

この設問は法第 15 条の 2→施行令第 40 条の廃棄方法の規定のこと。解答のとおり。

問 24　2

〔解説〕

解答のとおり。

問 25　2

〔解説〕

この設問は業務上取扱者の届出事項のことで誤っているのものはどれかとあるので、2 の事業場の営業時間が誤り。

【令和元年度実施】

※九州全県・沖縄県統一共通においては、毎年８月に行われている試験が台風の影響により、２通りに分かれて試験が実施されました。これに伴い令和元年度は、２つの試験問題作成がされたことで、２つの試験問題を収録いたしました。

九州全県・沖縄県統一共通①
〔福岡県・沖縄県〕

（一般・農業用品目・特定品目共通）

問１　4

〔解説〕

解答のとおり。

問２　1

〔解説〕

この設問では毒物はどれかとあるので、アの弗化水素とイのセレンが毒物。法第２条第１項→法別表第一を参照。

問３　3

〔解説〕

この設問における製剤については劇物に該当するものはどれかとあるので、水酸化カリウム、水酸化ナトリウムはいずれも５％以下は劇物から除外されるので、この設問では水酸化カリウム、水酸化ナトリウムについていずれも 10 ％含有する製剤とあるので、劇物。なお、塩化水素、硫酸については、いずれも 10 ％以下は劇物から除外。

問４　3

〔解説〕

法第 14 条第１項は毒物または劇物の譲渡手続における書面に記載する事項。解答のとおり。

問５　3

〔解説〕

法第３条の２は特定毒物のことで、同法第９項は譲り渡しの限定のこと。解答のとおり。

問６　2

〔解説〕

この設問は、法第８条第２項における毒物劇物取扱責任者になることのできない者の規定。この設問で該当するアの 17 歳の者、ウの麻薬中毒者が該当する。要するに 18 歳未満の者と麻薬、大麻、あへん又は覚せい剤の中毒者である。

問７　4

〔解説〕

法第３条の４では引火性、発火性又は爆発性のある毒物又は劇物について、業務その他正当な理由を除いて所持してはならないと施行令で規定されている。→施行令第 32 条の３で、①亜塩素酸ナトリウム 30 ％以上、②塩素酸塩類 35 ％以上、③ナトリウム、④ピクリン酸のことである。

問８　4

〔解説〕

法第 22 条第１項→施行令第 41 条において業務上取扱者として届出をする事業は、①電気めっき行う事業、②金属熱処理を行う事業、③大型自動車(最大積載量 5,000kg 以上)又は内容積が厚生労働省令で定める量以上の運送事業、④しろありの防除を行う事業で、それを使用する物として施行令第 42 条により①と②はシアン化ナトリウム、無機シアン化合物たる毒物及びこれを含有する製剤。③施行令別表第二掲げる品目、④砒素化合物たる毒物及びこれを含有する製剤。

問９　2

〔解説〕

この設問は、施行令第 40 条の９第１項は譲受人に対して毒物又は劇物の性状及び取扱についての情報提供のことで、その情報提供の内容について施行規則第 13 条の 12 に規定されている。解答のとおり。

問 10　4

〔解説〕

法第 10 条は届出のことで、ウとエが正しい。なお、アは販売する毒物又は劇物の変更について届出を要しない。また、イの代表取締役の変更についても届出を要しない。

問 11　2

〔解説〕

この設問は毒物又は劇物を運搬する車両に備える保護具のこどて、施行令第 40 条の５第２項第三号→施行規則第 13 条の６→施行規則別表第五に規定されている。

問 12　1

〔解説〕

この設問は施行令第 40 条の５第２項第一号→施行規則第 13 条の４のこと。

問 13　3

〔解説〕

解答のとおり。

問 14　3

〔解説〕

この設問では正しいのはどれかとあるので、３が正しい。３は法第 21 条第１項のことで、登録が失効した場合の措置のこと。なお、１は法第４条第４項の登録の更新で、毒物又は劇物製造業者及び輸入業者は、５年毎に、また毒物又は劇物販売業者は、６年毎に更新を受けなければその効力を失う。２は法第 14 条第４項で５年間書面を保存しなければならない。４は法第７条第３項で毒物劇物取扱責任者を置いたときは、30 日以内に氏名を届け出なければならないである。

問 15　4

〔解説〕

この設問は毒物又は劇物の容器及び被包についての表示と掲げる事項むのことで、法第 12 条第２項で、①毒物又は劇物の名称、②毒物又は劇物の成分及びその含量、③施行規則第 11 条の５で定められている解毒剤の名称のことで、誤っているものどれかとあるので３が該当する。

問 16　3

〔解説〕

この設問では正しいものはどれかとあるので３が正しい。３は法第５条における登録の基準のこと。なお、１の農業用品目販売業の登録を受けた者は、法第４条の３第１項→施行規則第４条の２→施行規則別表第一に掲げられている品目のみである。よって誤り。２については、法第４条第３項で、店舗ごとに、その店舗の所在地の都道府県知事へ申請書を出さなければならない。４は法第４条第４項の登録の更新についてで、毒物又は劇物販売業者は、６年毎に登録の更新を受けなければ、その効力を失うである。

問 17　4

〔解説〕

登録が失効した場合の措置のこと。解答のとおり。

問 18　3

〔解説〕

この設問は毒物又は劇物を運搬する際に他に委託する場合について、荷送人はは運送人に対して、あらかじめ交付する書面に記載する事項は、毒物又は劇物〔①名称、②成分、③含量、④数量、⑤事故の際に講じなければならない応急の措置〕を交付しなければならない。このことから規定していないものは、３が該当する。

問 19　2

〔解説〕

法第 16 条の２第２項は、盗難紛失の措置のことで、毒物又は劇物を盗難あるいは紛失した場合は、その旨を警察署に届け出なければならないと規定している。

問 20　4

〔解説〕

この設問は特定毒物であるモノフルオール酢酸アミドを特定毒物使用者に譲り渡す際に法第３条の２第９項→施行令第 23 条で、青色に着色と規定されている。

問21　3
〔解説〕
この設問は毒物又は劇物を運搬する車両に掲げる標識のことで、施行令第40条の5第2項第二号→施行規則第13条の5のこと。解答のとおり。

問22　4
〔解説〕
法第15条の2において毒物又は劇物を廃棄する際に、施行令第40条で廃棄方法の技術上の基準が示されている。

問23　1
〔解説〕
法第5条で毒物又は劇物①製造業者、②輸入業者、③販売業者の登録を受けようとする者の設備基準について、施行規則第4条の4で示されている。なお、この設問は、施行規則第4条の4第1項のことである。

問24　1
〔解説〕
この法第24条の2は、法第3条の3→施行令第32条の2における罰則規定である。

問25　2
〔解説〕
この設問の法第17条は立入検査等が示されている。なお、本法第17条は、令和2年4月1日より、法第18条となる。

※九州全県・沖縄県統一共通においては、毎年８月に行われている試験が台風の影響により、２通りに分かれて試験が実施されました。これに伴い令和元年度は、２つの試験問題作成がされたことで、２つの試験問題を収録いたしました。

九州全県・沖縄県統一共通②〔佐賀県・長崎県・熊本県・大分県・宮崎県・鹿児島県〕

（一般・農業用品目・特定品目共通）

問１　２

〔解説〕

解答のとおり。

問２　２

〔解説〕

この設問は、法第２条第３項→法別表第三に掲げられている特定毒物のことで、２のモノフルオール酢酸アミドが特定毒物。なお、水酸化ナトリウムとクロロホルムは、劇物。水銀は、毒物。

問３　２

〔解説〕

法第３条の３で、みだりに摂取、若しくは吸入、又はこれらの目的で所持してはならないことについて政令で規定されている。→施行令第 32 条の２において、①トルエン、②酢酸エチル、トルエン又はメタノールを含有する接着剤、塗料及び閉そく用又はシーリングの充てん剤である。なお、酢酸エチルについては単独ではない。この規定で該当する場合、酢酸エチル及びメタノールを含有する‥である。

問４　１

〔解説〕

解答のとおり。

問５　１

〔解説〕

法第３条第３項の条文。毒物又は劇物における販売、授与の目的で貯蔵、運搬、陳列について販売業の登録を受けていなければ販売、授与ができないことを規定している。

問６　４

〔解説〕

この設問は特定毒物についてで、イとエが正しい。イは法第３条の２第８項のこと。エは法第３条の２第２項のこと。なお、アについては法第３条の第４項で、特定毒物を学術研究以外の用途に供してはならないと規定されている。これにより誤り。ウは特定毒物を製造できる者は、毒物又は劇物製造業者と、特定毒物研究者の２者のみである。このことから誤り。法第３条の２第１項。

問７　２

〔解説〕

この設問では誤りはどれかとあるので、２が誤り。２における特定品目販売業の登録を受けた者は、法第４条の３第２項→施行規則第４条の３→施行規則別表第二に掲げられている品目のみで、この設問にある特定毒物を販売することはできない。

問８　１

〔解説〕

この設問は施行規則第４条の４第１項における製造所等の設備基準のこと。設問はすべて正しい。

問９　１

〔解説〕

この設問は法第７条及び法第８条のことで、誤っているものはどれかとあるので、１が誤り。１は、法第８条第１項で①薬剤師、②厚生労働省で定める学校で、応用化学を修了した者、③都道府県知事が行う毒物劇物取扱者試験に合格した者は、毒物劇物取扱責任者になることができる。なお、２は法第７条第３項のこと。３は法第８条第２項第一号のこと。４は法第７条第２項のこと。

問10　4

〔解説〕

この設問で正しいのは、ウとエである。ウは、法第10条第1項第二号のこと。エは法第9条第1項における追加申請のこと。設問のとおり。なお、アは、法第10条第1項第一号により、50日以内ではなく、30日以内に届け出なければならない。イは法第21条第1項で、50日以内ではなく、15日以内にその旨を届け出なければならない。

問11　3

〔解説〕

法第11条第4項は、飲食物容器の使用禁止のこと。

問12　1

〔解説〕

法第12条第1項は、毒物又は劇物の容器及び被包についての表示のこと。正しいのは、1である。なお、劇物の場合は、劇物の容器及び被包→「医薬用外」の文字に、白地に赤色をもって「劇物」の文字を表示。

問13　3

〔解説〕

法第12条第2項は、毒物又は劇物の容器及び被包についての表示として掲げる事項は、毒物又は劇物の①名称、②成分及びその含量、③厚生労働省令で定める毒物又は劇物〔有機燐及びこれを含有する製剤〕については、厚生労働省令で定める解毒剤の名称〔①　2－ピリジルアルドキシムメチオダイドの製剤、②　硫酸アトロピンの製剤〕

問14　2

〔解説〕

この設問は、着色する農業用品目のことで法第13条→施行令第39条で①硫酸タリウムを含有する製剤たる劇物、②燐化亜鉛を含有する製剤たる劇物については→施行規則第12条において、あせにくい黒色に着色すると規定されている。このことからアとエが正しい。

問15　1

〔解説〕

この設問は法第14条第2項における毒物又は劇物を販売する際に、譲受人から提出を受けなければならない書面の記載事項とは、①毒物又は劇物の名称及び数量、②販売又は授与の年月日、③譲受人の氏名、職業及び住所(法人の場合は、その名称及び主たる事務所)である。この設問では規定されていないものはどれかとあるので、1の毒物又は劇物の使用目的が該当する。

問16　3

〔解説〕

この設問は、毒物又は劇物販売業者が譲受人から提出を受けた書面の保存期間は、5年間保存と規定されている。

問17　3

〔解説〕

解答のとおり。

問18　2

〔解説〕

この設問は毒物又は劇物を運搬する車両に掲げる標識のことで、施行令第40条の5第2項第二号→施行規則第13条の5のこと。

問19　3

〔解説〕

この設問は毒物又は劇物を運搬する車両に備える保護具のことで、施行令第40条の5第2項第三号→施行規則第13条の6→施行規則別表第五に掲げられている品目にいて保護具を備えなければならない。設問では塩素とあるので施行規則別表第五において、①保護手袋、②保護長ぐつ、③保護衣、④普通ガス用防毒マスクを備えなければならない。

問20　3

〔解説〕

解答のとおり。

問 21　3

〔解説〕

この設問は毒物又は劇物の性状及び取扱いについて、毒物劇物営業者が販売又は授与する際に情報提供をしなければならないことが施行令第 40 条の 9 で規定されている。正しいのは、イとウである。イについては施行規則第 13 条の 11 で、①文書の交付、②磁気ディスクの交付その他の方法と規定されている。このことからイは設問のとおり。ウは施行令第 40 条の 9 第 2 項のこと。なお、アについては、施行令第 40 条の 9 第 1 項ただし書規定により情報提供をしなくてもよい。エは施行令第 40 条の 9 第 1 項ただし書規定→施行規則第 13 条の 10 において、劇物については 1 回につき 200 ミリグラム以下の場合は情報提供を省略できるが、この設問では、毒物とあるので取扱量の多少にかかわらず情報提供をしなければならない。よって誤り。

問 22　3

〔解説〕

施行令第 40 条の 9 第 1 項→施行規則第 13 条の 12 において情報提供の内容が規定されている。このことからイとエが正しい。

問 23　3

〔解説〕

法第 16 条の 2 第 1 項は、事故の際の措置のこと。解答のとおり。なお、この法第 16 条の 2 は、令和 2 年 4 月 1 日から第 17 条となる。

問 24　4

〔解説〕

この設問で誤っているものはどれかとあるので、4 が誤り。4 の設問には、犯罪捜査上必要があると認めるときは‥とあるが法第 17 条第 5 項において、犯罪捜査のために認められたものと解してはならないと規定されているので誤り。なお、この法第 17 条は、令和 2 年 4 月 1 日から第 18 条となる。

問 25　2

〔解説〕

この設問は業務上取扱者の届出を要する事業とは、法第 22 条第 1 項→施行令第 41 条及び施行令第 42 条に規定されている。このことからこの設問では定められていない事業とあるので、2 が該当むする。

〔基礎化学編〕

【平成 27 年度実施】

（一般・農業用品目・特定品目共通）

問 26　2
〔解説〕
同素体とは同じ元素から成る単体で、互いに性質が異なるものである。

問 27　2
〔解説〕
液体が固体になる状態変化を凝固、固体が液体になる状態変化を融解という。

問 28　3
〔解説〕
酸を水で希釈し pH を 1 上げるためには 10 倍希釈すればよい。

問 29　2
〔解説〕
フェノールフタレインで呈色するということは水溶液は塩基性である。酢酸ナトリウムは弱酸強塩基から生じる塩であるため、その水溶液は弱塩基性を示す。

問 30　1
〔解説〕
イオン結合は通常金属元素と非金属元素が結合するときに生じる。

問 31　4
〔解説〕
単体が化合物になる、あるいは化合物が単体になる変化は全て酸化還元反応である。

問 32　2
〔解説〕
ニンヒドリン反応はアミノ基の確認、キサントプロテイン反応は芳香族アミノ酸の確認、ビウレッと反応はペプチド結合の確認に用いる。

問 33　2
〔解説〕
アセトンはアルデヒド(-CHO)ではなくケトン(-CO-)を有する化合物である。

問 34　4
〔解説〕
アルカリ金属元素は 1 族の元素である（Li, Na, K, Rb, Cs, Fr）

問 35　1
〔解説〕
炎色反応は Li(赤)、Na(黄)、K(紫)、Cu(緑)、Ca(橙)、Sr(紅)、Ba(緑)である。

問 36　2
〔解説〕
メタンは炭素原子を中心に正四面体の頂点方向に水素原子が結合している。

問 37　2
〔解説〕
中和の公式は、「酸の価数×酸のモル濃度×酸の体積=塩基の価数×塩基のモル濃度×塩基の体積」で求めることができる。従って価数が 1 で濃度 2mol/L の塩酸 300mL と価数が 2 で 5mol/L の水酸化バリウム水溶液 XmL の値を上記の公式に代入すればよい。$1 \times 2 \times 300 = 2 \times 5 \times X$, X=60mL

問 38　2
〔解説〕
陽極では酸化反応が起こる。硝酸イオンは酸化されにくいため水が酸化され酸素を発生する。$2H_2O \rightarrow O_2 + 4H^+ + 4e^-$

問 39　3
〔解説〕
1mol の二酸化炭素が生成する時 394kJ の熱が放出される。したがって 0.5mol の二酸化炭素が生じるとき 197kJ の熱が放出される。

問 40　4
〔解説〕
解答のとおり

【平成28年度実施】

（一般・農業用品目・特定品目共通）

問26　1

〔解説〕

同素体とは同一元素からなる単体で、物理的・化学的性質が異なるものである。メタノール(CH_3OH)やエタノール(CH_3CH_2OH)はいずれも化合物であり同素体の定義から外れる。

問27　2

〔解説〕

純物質が複数混在しているものを混合物という。すなわち、化学式や元素で記載できないものであり、水（H_2O）、塩素（Cl_2）、ナトリウム（Na）はいずれも表記できるが、海水は水と無機塩などの混合物であり表記できない。

問28　2

〔解説〕

ヘスの法則は別名、「総熱量保存の法則」であり2が正解となる。1はボイル―シャルルの法則、3はヘンリーの法則、4は質量保存の法則である。

問29　2

〔解説〕

硫酸(H_2SO_4)と水酸化カルシウム($Ca(OH)_2$)が過不足なく反応し中和するときの化学反応式は、$H_2SO_4+Ca(OH)_2 \rightarrow CaSO_4+2H_2O$ であることから、硫酸と水酸化カルシウムは1:1 のモル比で反応する。すなわち 19.6g の硫酸（分子量 98.0）のモル数は 19.6/98.0=0.2 モルであるから、必要な水酸化カルシウムのモル数も 0.2 モルとなる。よって、0.2モルの水酸化カルシウム（式量74.0）の重さは、74.0 × 0.2=14.8g となる。

問30　4

〔解説〕

酸化数は分子ならば分子全体で 0 となり、イオンならばその価数に等しい。また一般的に、水素やアルカリ金属元素は酸化数として+1、酸素は-2、ハロゲン元素は-1で考える（ただし、過酸・水素化金属・過ハロゲン化物など例外も存在する)。$KMnO_4$ の Mn の酸化数は、K（アルカリ金属元素）は+1、O（酸素）は-2 で 1 分子中に 4 原子存在することから、Mn の酸化数を X とおくと、+1+X+(-2) × 4=0, X=+7 となる。同様にNO_3^-の N の酸化数を Y とおくと、Y+(-2) × 3=-1, Y=+5 となる。

問31　2

〔解説〕

ハロゲンは17族の元素であり、フッ素(F)、塩素(Cl)、臭素(Br)、ヨウ素(I)がある。

問32　3

〔解説〕

ア：炭素数が 5 ～ 6 以上のアルカンは液体として存在し、1 ～ 4 までのアルカンは気体として存在する。イ：C_6H_{14} の分子式で表されるアルカンの構造異性体は、ヘキサン、2-メチルペンタン、3-メチルペンタン、2,3-ジメチルブタン、2,2-ジメチルブタンの 5 種である。ウ：メタンは炭素原子を中心に四面体方向に水素原子が 4 つ結合した正四面体構造をとっている。エ：C_3H_8 のアルカンをプロパンという。

問33　1

〔解説〕

エタノール(CH_3CH_2OH)に二クロム酸カリウムのような酸化剤を加えると、穏やかに酸化され、アセトアルデヒド(CH_3CHO)を生じる。さらに加熱することによってアセトアルデヒドは酸化され、酢酸(CH_3COOH)を生じる。またエタノールを 160 ℃～ 170 ℃で加熱すると分子内脱水が起こり、エチレン($CH_2=CH_2$)が生じ、130 ℃～ 140 ℃で加熱すると分子間脱水が起こり、ジエチルエーテル($CH_3CH_2OCH_2CH_3$)が生じる。

問34　2

〔解説〕

20 秒(s)で 2.0×10^{-3}mol の酸素(O_2)が生成したということは、1 秒当たりの酸素の発生量は $2.0 \times 10^{-3}/20=1.0 \times 10^{-4}$mol/s となる。また、過酸化水素が分解して、酸素を発生させる化学反応式は $2H_2O_2 \rightarrow O_2+2H_2O$ であるから、酸素が 1 モル発生するならば 2 モルの過酸化酸素を分解しなくてはならない。すなわち、今回の過酸化水素の分解速度は $1.0 \times 10^{-4} \times 2=2.0 \times 10^{-4}$mol/s となる。使用した 1.0mol/L の過酸化水素の体積が 80mL であることから、この水溶液の 1L 当たりの分解速度は、2.0×10^{-4} (mol/s) ÷ 80/1000=2.5×10^{-3}mol/L・s となる。

問 35　2

〔解説〕

ニトロ基：$-NO_2$、アミノ基：$-NH_2$、スルホ基：$-SO_3H$、ヒドロキシ基：$-OH$

問 36　1

〔解説〕

共有結合を起こすものは基本的に非金属元素どうしの結合となる。よってアンモニア(NH_3)が正解となる。塩化ナトリウムはイオン結合、アルミニウムは金属結合、フッ化カリウムはイオン結合で結ばれている。

問 37　3

〔解説〕

気体が固体になる状態変化、あるいは固体が気体になる状態変化を昇華という。

問 38　1

〔解説〕

どのような気体でも同じモル数ならば同じ体積を示す。従って同一質量の気体で、体積を大きくするためには分子量を小さくすればよい(モル数=質量/分子量)。水素の分子量(H_2:2)、二酸化炭素(CO_2:44)、アンモニア(NH_3:17)、塩素(Cl_2:71)。

問 39　1

〔解説〕

イオン化傾向の順列とは、より陽イオンになり易さを示す尺度であり、K>Ca>Na>Ma>Al>Zn>Fe>Ni>Sn>Pb>(H)>Cu>Hg>Ag>Pt>Au で示される。

問 40　3

〔解説〕

安息香酸：C_6H_5COOH、フタル酸：o-$C_6H_4(COOH)_2$、サリチル酸：HOC_6H_4COOH、テレフタル酸：p-$C_6H_4(COOH)_2$

【平成29年度実施】

（一般・農業用品目・特定品目共通）

問26　1

〔解説〕

すべて正しい。

問27　4

〔解説〕

気体が液体になる状態変化を凝縮という。凝固は液体が固体に名r状態変化である。

問28　3

〔解説〕

1はボイル・シャルルの法則、2はヘスの法則、4は質量不変の法則である。

問29　2

〔解説〕

シャルルの法則($V_1/T_1 = V_2/T_2$)より、$10/280 = V_2/308$, $V_2 = 11$ L

問30　1

〔解説〕

強酸・弱塩基の中和による生じる塩は、水に溶解させると弱酸性を示す。

問31　1

〔解説〕

質量パーセント濃度が30%の硫酸50 mL中に含まれる溶質の重さは、$50 \times 0.3 = 15$ g　この硫酸に水を加えて全量を300 mLにした時の質量%濃度は $15/300 \times 100 = 5$ %となる。

問32　4

〔解説〕

1ジエチルエーテル $C_2H_5OC_2H_5$; 分子量74、2フェノール C_6H_5OH; 分子量94、ブタン C_4H_{10}; 分子量58、4アセトアルデヒド CH_3CHO; 分子量44

問33　1

〔解説〕

$2Al + 3H_2SO_4 \rightarrow Al_2(SO_4)_3 + 3H_2$

問34　3

〔解説〕

中和は「酸のモル濃度×酸の価数×酸の体積＝塩基のモル濃度×塩基の価数×塩基の体積」で求められる。硫酸は2価の酸、水酸化ナトリウムは1価の塩基であることに注意して、求める水酸化ナトリウムの体積をXとおくと、

$0.1 \times 2 \times 10 = 0.05 \times 1 \times X$,　$X = 40$ mL

問35　3

〔解説〕

1,000,000 ppm = 100 %であるから、100 ppmは0.01 %である。

問36　4

〔解説〕

pHが1異なると水素イオン濃度、すなわち溶液の濃度は10倍異なる。よって今回はpHが2異なっているので $10 \times 10=100$ 倍希釈すればよい。

問37　3

〔解説〕

他の物質を酸化する性質があるものを酸化剤と言い、自身は還元される。

問38　3

〔解説〕

銅(Cu)の炎色反応は緑色であり、橙色を示すものはカルシウム(Ca)である。

問39　1

〔解説〕

ハロゲンは原子番号が小さいものほど酸化力が強い。

問40　1

〔解説〕

芳香族炭化水素とは一般的にベンゼン環を有しているものであり、1ホルムアルデヒド;HCHO、2トルエン $C_6H_5CH_3$、3安息香酸 C_6H_5COOH、4フェノール C_6H_5OH のように一般的に芳香族炭化水素は C_6H_n の部分構造を持つ（nは6以下)。

【平成30年度実施】

（一般・農業用品目・特定品目共通）

問26　2

〔解説〕

エタノール(C_2H_5OH)とジメチルエーテル(CH_3OCH_3)はどちらも分子式C_2H_6Oで表される構造異性体の関係にある物質である。

問27　2

〔解説〕

原子は正電荷を帯びた陽子と電荷の無い中性子から成る原子核と、負電荷を帯びた電子から成る。原子番号は電子の数あるいは陽子の数に等しい。

問28　3

〔解説〕

コロイド溶液に強い光を当てることで光束が観察される現象をチンダル現象という。ブラウン運動はコロイド粒子が溶媒分子の衝突により不規則に動いていることが限外顕微鏡で観察される現象。

問29　3

〔解説〕

イオン結合は共有結合の次に強い結合とされており、融点や沸点は比較的高い。

問30　3

〔解説〕

たんぱく質に含まれる芳香族アミノ酸の確認反応はキサントプロテイン反応により確認する。

問31　2

〔解説〕

ppmは百万分率であり、100%と1,000,000ppmは等しい。この関係から、0.02%は200ppmとなる。

問32　3

〔解説〕

イオン化傾向とは陽イオンになり易さの尺度を表しており、一般的に$K > Ca > Na > Mg > Al > Zn > Fe > Ni > Sn > Pb > (H) > Cu > Hg > Ag > Pt > Au$の順である。

問33　1

〔解説〕

還元剤とは自らが酸化され、相手を還元するものである。すなわち、自らの酸化数が増大するものが還元剤である。

問34　2

〔解説〕

安息香酸(C_6H_5COOH)、酢酸(CH_3COOH)、サリチル酸($C_6H_4(OH)COOH$)，フェノール(C_6H_5OH)

問35　3

〔解説〕

ハロゲンの単体は酸化力を持ち、分子量が小さいものほど強い。

問 36　4

〔解説〕

炎色反応は Li（赤）、Na（黄）、K（紫）、Cu（青緑）、Ca（橙）、Sr（紅）、Ba（黄緑）である。

問 37　1

〔解説〕

最終的な溶液の体積を X mL とする。　50 × 0. 25/X × 100 = 10，X = 125

問 38　1

〔解説〕

pH が 1 小さいと水素イオン濃度は 10 倍濃くなる。したがって pH6 の溶液は pH 3 の溶液と比べて 0. 001 倍の水素イオン濃度となる。

問 39　4

〔解説〕

塩化ナトリウム水溶液の電気分解では、陽極では酸化反応が起こり、塩化物イオンが酸化され塩素を生じる。$2Cl^- \rightarrow Cl_2 + 2e^-$

問 40　3

〔解説〕

49%硫酸が 1000 mL あるとする。この時の溶液の重さは密度 1. 2 g/cm^3 をかけることで求められ、1000 × 1. 2 = 1200 g となる。また、1200 g の硫酸水溶液のうち、硫酸の占める重さが 49%であるので、この溶液中の硫酸の重さは 1200 × 0. 49 となる。これをモル濃度を求める公式に当てはめ、1200 × 0. 49/98 × 1000/1000 = X mol/L より、X = 6. 0 mol/L となる。

【令和元年度実施】

※九州全県・沖縄県統一共通においては、毎年８月に行われている試験が台風の影響により、２通りに分かれて試験が実施されました。これに伴い令和元年度は、２つの試験問題作成がされたことで、２つの試験問題を収録いたしました。

九州全県・沖縄県統一共通①〔福岡県・沖縄県〕

（一般・農業用品目・特定品目共通）

問 26　2

〔解説〕

石油は混合物、水とアンモニアは化合物

問 27　3

〔解説〕

アはヘンリーの法則、エはヘスの法則である。

問 28　4

〔解説〕

蒸発は液体が気体になる状態変化、凝縮は気体が液体になる状態変化、溶解は固体が溶媒などの別の物質に溶ける変化

問 29　3

〔解説〕

5.0%水酸化ナトリウム水溶液が 1000 cm^3 あったとする。この時の重さは、1000 × 1.04 = 1040 g である。1040 g のうち 5.0%が水酸化ナトリウムの重さであるから、1040 × 0.05 = 52 g が溶質の重さとなる。水酸化ナトリウムの分子量は 40 であるからモル数は 52/40 = 1.3 モル。質量モル濃度は溶媒 1 kg の濃度であるので、溶媒の重さは 1040 － 52 = 988 g であるから、1.3/0.988 = 1.316 mol/kg となる。

問 30　3

〔解説〕

疎水コロイドは少量の電解質を加えるだけで沈殿する。この現象を凝析という。一般的に疎水コロイドのほうが浸水コロイドよりも水への分散が大きく、密度が小さいためチンダル現象を観察しやすい。

問 31　1

〔解説〕

塩の中に H^+を出せるものを酸性塩、OH^-を出せるものを塩基性塩、そのようなものがないものを正塩という。$NaHCO_3$ が酸性塩であるが液性は塩基性であるように液性と名称は関係しない。

問 32　3

〔解説〕

中和の公式は「酸の価数(a)×酸のモル濃度(c_1)×酸の体積(V_1) = 塩基の価数(b)×塩基のモル濃度(c_2)×塩基の体積(V_2)」である。これに代入すると、2 × 0.05 × 10 = 1 × c_2 × 10,　c_2 = 0.10 mol/L

問 33　2

〔解説〕

アルカリ金属は原子番号が大きいほどイオン化傾向が大きくなり、イオン化エネルギーは小さくなる。

問 34　4

〔解説〕

銅と希硝酸の反応のように、希硝酸は酸化剤として働く。

問 35　1

〔解説〕

硫酸と酢酸では硫酸のほうが強い酸であるので pH は小さい。炭酸水素ナトリウムと炭酸ナトリウムでは炭酸ナトリウムのほうがより強い塩基であるので pH が大きい。

問 36　3
〔解説〕
アルコールの分子内脱水は級数が大きいほど起こりやすい、また第一級アルコールでも高温では分子内脱水が進行し、対応するアルケンを生じる。
問 37　3
〔解説〕
反応式よりプロパン 1 モルが燃焼すると二酸化炭素は 3 モル生成する。0.05 モルのプロパンが燃えると 0.15 モルの二酸化炭素が生じる。二酸化炭素の分子量は 44 であるので、$0.15 \times 44 = 6.6$ g 生成する。
問 38　2
〔解説〕
逆性石鹸は洗浄力は劣るものの殺菌作用に優れる石鹸である。
問 39　4
〔解説〕
$-SO_3H$ はスルホ基（スルホン酸基）である。
問 40　4
〔解説〕
一般的に溶液の凝固点は溶媒の凝固点と比べると低い。これを凝固点降下という。

※九州全県・沖縄県統一共通においては、毎年８月に行われている試験が台風の影響により、２通りに分かれて試験が実施されました。これに伴い令和元年度は、２つの試験問題作成がされたことで、２つの試験問題を収録いたしました。

九州全県・沖縄県統一共通②〔佐賀県・長崎県・熊本県・大分県・宮崎県・鹿児島県〕

（一般・農業用品目・特定品目共通）

問 26　3

〔解説〕

同素体とは同じ元素からなる単体で、性質が異なるものである。

問 27　4

〔解説〕

アは蒸留によって分ける。イは再結晶により精製する。エはろ過により分離する。

問 28　4

〔解説〕

アは気化または蒸発。イは凝固。ウは融解。エは昇華である。

問 29　3

〔解説〕

pH が 1 異なると水素イオン濃度は 10 倍異なる。また、pH 7 よりも小さいときは酸性で 7 よりも大きいときはアルカリ性、または塩基性という。

問 30　3

〔解説〕

触媒は反応速度に影響を与えるが、自身は変化を受けない物質である。反応物が濃いほど、分子の接触確率が上がるために反応は早く進行する。

問 31　4

〔解説〕

炎色反応は Li（赤）、Na（黄）、K（紫）、Cu（青緑）、Ca（橙）、Sr（紅）、Ba（黄緑）である。

問 32　4

〔解説〕

モル濃度は次の公式で求める。M = w/m × 1000/v（M はモル濃度：mol/L、w は質量：g、m は分子量または式量、v は体積：mL）これに当てはめればよい。

0.4 = w/40 × 1000/2000,　w = 32 g

問 33　1

〔解説〕

ハロゲンの単体は強い酸化力を持つ。

問 34　2

〔解説〕

鉄の単体が空気酸化を受け、酸化鉄に変化するときに発熱する。単体が化合物になる変化は酸化還元反応である。

問 35　4

〔解説〕

解答のとおり

問 36　4

〔解説〕

$FeS + 2HCl \rightarrow H_2S + FeCl_2$ という反応が起こる。水に溶けやすく空気よりも重い気体は下方置換により捕集する。硫化物の多くは黒色である。

問 37　3

〔解説〕

反応式よりプロパン（分子量 44）1 モルから水（分子量 18）は 4 モル生じる。8.8 g のプロパンのモル数は 8.8/44 = 0.2 モルであるから、生じる水のモル数は 0.2 × 4 = 0.8 モル。よって生じる水の重さは 0.8 × 18 = 14.4 g

問 38　1

〔解説〕

二酸化窒素は赤褐色の刺激臭のある気体。

問 39　2

〔解説〕

解答のとおり

問 40　3

〔解説〕

ダイヤモンドは炭素の単体であるため共有結合により結ばれている。

〔性質・貯蔵・取扱編〕

【平成27年度実施】

（一般）

問41　3　**問42**　1　**問43**　2　**問44**　4

〔解説〕

問41　水銀Hgは常温で唯一の液体の金属である。銀白色の重い流動性がある。常温でも僅かに揮発する。毒物。比重 13.6。用途は工業用として寒暖計、気圧計、水銀ランプ、歯科用アマルガムなど。**問42**　フェノール C_6H_5OH は、無色の針状晶あるいは結晶性の塊りで特異な臭気があり、空気中で酸化され赤色になる。アルコール、エーテル、クロロホルム、水酸化アルカリに溶けるが、石油エーテルには溶けない。フェノールは種々の薬品合成の原料となっている。その他にも防腐剤、殺菌剤に用いられる。**問43**　ジメチルアミン$(CH_3)_2NH$は、劇物。無色で魚臭様(強アンモニア臭)の臭気のある気体。水溶液は強いアルカリ性を呈する。用途は界面活性剤の原料等。**問44**　アクリルアミドは無色の結晶。土木工事用の土質安定剤、接着剤、凝集沈殿促進剤などに用いられる。

問45　2　**問46**　4　**問47**　3　**問48**　1

〔解説〕

問45　アクロレイン CH_2=CH-CHO は、劇物。無色又は帯黄色の液体。刺激臭がある。引火性である。水に可溶。アルカリ性物質及び酸化剤と接触させない。用途は探知剤、殺菌剤。**問46**　リン化水素(別名ホスフィン)は腐魚臭がある有毒なガスである。水にわずかに溶ける。**問47**　DDVP(別名ジクロルボス)は有機リン製剤で接触性殺虫剤。刺激性で微臭のある比較的揮発性の無色油状液体、水に溶けにくく、有機溶媒に易溶。水中では徐々に分解。**問48**　三酸化二砒素(別名三酸化砒素)は毒物。無色結晶性の物質。200℃に熱すると、溶解せずに、昇華する。水わずかに溶けて亜砒酸を生ずるが、苛性アルカリには容易に溶けて、亜砒酸のアルカリ塩を生ずる。用途は医薬用、工業用、砒酸塩の原料。殺虫剤、殺鼠剤、除草剤などに用いられる。

問49　4　**問50**　2　**問51**　1　**問52**　3

〔解説〕

問49　トルエン $C_6H_5CH_3$ は、劇物。特有な臭い(ベンゼン様)の無色液体。水に不溶。比重1以下。可燃性。引火性。劇物。用途は爆薬原料、香料、サッカリンなどの原料、揮発性有機溶媒。中毒症状は、蒸気吸入により頭痛、食欲不振、大量で大赤血球性貧血。**問50**　モノフルオール酢酸ナトリウム FCH_2COONa は有機フッ素系である。有機フッ素化合物の中毒：TCA サイクルを阻害し、呼吸中枢障害、激しい嘔吐、てんかん様痙攣、チアノーゼ、不整脈など。治療薬はアセトアミド。**問51**　クロルピクリン CCl_3NO_2 は、無色～淡黄色液体、催涙性、粘膜刺激臭。水に不溶。線虫駆除、燻蒸剤。毒性・治療法は、血液に入りメトヘモグロビンを作り、また、中枢神経、心臓、眼結膜を侵し、肺にも強い傷害を与える。治療法は酸素吸入、強心剤、興奮剤。**問52**　シアン化水素ガスを吸引したときの中毒は、頭痛、めまい、悪心、意識不明、呼吸麻痺を起こす。

問53　1　**問54**　4　**問55**　2　**問56**　3

〔解説〕

問53　亜セレン酸ナトリウムは毒物。白色、結晶性の粉末。水に溶ける。用途は試薬。廃棄方法は、水に溶かし、希硫酸を加えて酸性にし、硫化ナトリウムを加えて沈殿させ、さらにセメントを用いて固化し、埋立処分する。**問54**　クロルピクリン CCl_3NO_2 は、無色～淡黄色液体、催涙性、粘膜刺激臭。水に不溶。線虫駆除、燻蒸剤。廃棄方法は分解法。すなわち、水に不溶なため界面活性剤を加え溶解し、Na_2SO_3 と Na_2CO_3 で分解後、希釈処理。**問55**　塩化チオニル($SOCl_2$)は劇物。刺激性のある無色の液体。発煙性あり。加水分解する。ベンゼン、クロロホルム、四塩化炭素に可溶。廃棄法は多量のアルカリ水溶液に攪拌しながら少量ずつ加えて、徐々に加水分解させた後、希硫酸を加えて中和するアルカリ法。**問56**　硝酸銀 $AgNO_3$：硝酸銀の水溶液に食塩などを加え生成した塩化銀を濾過する沈殿法。

問57　2　**問58**　1　**問59**　4　**問60**　3

〔解説〕

問57　黄リン P_4 は、無色又は白色の蝋様の固体。毒物。別名を白リン。暗所で空気に触れるとリン光を放つ。水、有機溶媒に溶けないが、二硫化炭素には易溶。湿った空気中で発火する。空気に触れると発火しやすいので、水中に沈めてビンに入れ、さらに砂を入れた缶の中に固定し冷暗所で貯蔵する。 **問 58** ベタナフトール $C_{10}H_7OH$ は、劇物。無色～白色の結晶、石炭酸臭、水に溶けにくく、熱湯に可溶。有機溶媒に易溶。遮光保存(フェノール性水酸基をもつ化合物は一般に空気酸化や光に弱い)。ただし 1%以下は除外。 **問 59** 水酸化ナトリウム(別名：苛性ソーダ)NaOH や水酸化カリウム(苛性カリ)KOH は、潮解性(空気中の水分を吸って溶解する現象)および空気中の炭酸ガス CO_2 と反応して炭酸ナトリウム Na_2CO_3 や炭酸カリウム K_2CO_3 になってしまうので密栓保管。 **問 60** 臭化メチル(ブロムメチル) CH_3Br は本来無色無臭の気体だが、クロロホルム様の臭気をもつ。通常は気体、低沸点なので燻蒸剤に使用。貯蔵は液化させて冷暗所。

（農業用品目）

問 41 3 **問 42** 2 **問 43** 4 **問 44** 1

〔解説〕

問 41 エトプロホスは、毒物(5 %以下は除外、5 %以下で 3 %以上は劇物)、有機リン製剤、メルカプタン臭のある淡黄色透明液体、水に難溶、有機溶媒に易溶。用途は野菜等のネコブセンチュウの防除。 **問 42** DMTP(別名メチダチオン)は劇物。灰白色の結晶。水に１％としか溶けない。有機溶媒によく溶ける。用途は果樹、野菜、カイガラムシ等の防除。 **問 43** フェントエートは、劇物。赤褐色、油状の液体で、芳香性刺激臭を有し、水、プロピレングリコールに溶けない。リグロインにやや溶け、アルコール、エーテル、ベンゼンに溶ける。有機燐系の殺虫剤。 **問 44** エチレンクロルヒドリン CH_2ClCH_2OH(別名グリコールクロルヒドリン)は劇物。無色液体で芳香がある。水、アルコールに溶ける。蒸気は空気より重い。用途は有機合成中間体、溶剤等。

問 45 3 **問 46** 4 **問 47** 2 **問 48** 1

〔解説〕

問 45 EPN は毒物。芳香臭のある淡黄色油状または白色結晶で、水には溶けにくい。一般の有機溶媒には溶けやすい。TEPP 及びパラチオンと同じ有機燐化合物である。用途は遅効性の殺虫剤として使用される。 **問 46** トリシクラゾールは、劇物、無色無臭の結晶、水、有機溶媒にはあまり溶けない。農業用殺菌剤(イモチ病に用いる。)。８％以下は劇物除外。 **問 47** ダイファシノンは毒物。黄色結晶性粉末。アセトン酢酸に溶ける。水にはほとんど溶けない。0.005 %以下を含有するものは劇物。用途は殺鼠剤。 **問 48** パラコートは、毒物で、ジピリジル誘導体で無色結晶性粉末、水によく溶け低級アルコールに僅かに溶ける。アルカリ性では不安定。金属に腐食する。不揮発性。除草剤。

問 49 2 **問 50** 3 **問 51** 4 **問 52** 1

〔解説〕

問 49 硫酸タリウム Tl_2SO_4 は、白色結晶で、水にやや溶け、熱水に易溶、劇物、殺鼠剤。中毒症状は、疝痛、嘔吐、震せん、けいれん麻痺等の症状に伴い、しだいに呼吸困難、虚脱症状を呈する。治療法は、カルシウム塩、システインの投与。抗けいれん剤(ジアゼパム等)の投与。 **問 50** モノフルオール酢酸ナトリウムは有機フッ素系である。有機フッ素化合物の中毒：TCA サイクルを阻害し、呼吸中枢障害、激しい嘔吐、てんかん様痙攣、チアノーゼ、不整脈など。治療薬はアセトアミド。 **問 51** ブロムメチル(臭化メチル)は、常温では気体。冷却圧縮すると液化しやすい。クロロホルムに類する臭気がある。液化したものは無色透明で、揮発性がある。毒性はクロロホルムと同系統であるが、その程度はクロロホルムより強い。用途は燻蒸剤。 **問 52** DDVP：有機リン製剤で接触性殺虫剤。無色油状、水に溶けにくく、有機溶媒に易溶。水中では徐々に分解。有機リン製剤なのでコリンエステラーゼ阻害。

問 53 1 **問 54** 3 **問 55** 4 **問 56** 2

〔解説〕

問 53 フェンチオン(MPP)は、劇物。褐色の液体。弱いニンニク臭を有する。各種有機溶媒に溶ける。水には溶けない。廃棄法：木粉(おが屑)等に吸収させてアフターバーナー及びスクラバーを具備した焼却炉で焼却する焼却法。(スクラバーの洗浄液には水酸化ナトリウム水溶液を用いる。) **問 54** 塩素酸ナトリウム $NaClO_3$ は、無色無臭結晶、酸化剤、水に易溶。廃棄方法は、過剰の還元剤の水溶液を希硫酸酸性にした後に、少量ずつ加え還元し、反応液を中和後、大量の水で希釈処理。 **問 55** 硫酸 H_2SO_4 は酸なので廃棄方法はアルカリで中和後、水で希釈する中和法。 **問 56** クロルピクリン CCl_3NO_2 は、無色～淡黄色液体、催涙性、粘膜刺激臭。水に不溶。線虫駆除、燻蒸剤。廃棄方法は分解法。すなわち、水に不溶なため界面活性剤を加え溶解し、Na_2SO_3 と Na_2CO_3 で分解後、希釈処理。

問 57　4　　**問 58**　1　　**問 59**　2　　**問 60**　3

〔解説〕

問 57　シアン化ナトリウム NaCN(別名青酸ソーダ、シアンソーダ、青化ソーダ)は毒物。白色の粉末またはタブレット状の固体。酸と反応して有毒な青酸ガスを発生するため、酸とは隔離して、空気の流通が良い場所冷所に密封して保存する。　**問 58**　ブロムメチル CH_3Br は常温では気体であるため、これを圧縮液化し、圧容器に入れ冷暗所で保存する。　**問 59**　ホストキシン(リン化アルミニウム AlP とカルバミン酸アンモニウム $H_2NCOONH_4$ を主成分とする。)は、ネズミ、昆虫駆除に用いられる。リン化アルミニウムは空気中の湿気で分解して、猛毒のリン化水素 PH3(ホスフィン)を発生する。空気中の湿度を避けるため密閉容器に保存。**問 60**　ロテノンはデリスの根に含まれる。殺虫剤。酸素、光で分解するので遮光保存。２％以下は劇物から除外。

（特定品目）

問 41　4　　**問 42**　1　　**問 43**　2　　**問 44**　3

〔解説〕

問 41　トルエン $C_6H_5CH_3$ は、劇物。特有な臭い(ベンゼン様)の無色液体。水に不溶。比重 1 以下。可燃性。引火性。劇物。用途は爆薬原料、香料、サッカリンなどの原料、揮発性有機溶媒。　**問 42**　クロム酸ナトリウムは酸化性があるので工業用の酸化剤などに用いられる。　**問 43**　硝酸 HNO_3 は、腐食性が激しく、空気に接すると刺激性白霧を発し、水を吸収する性質が強い。冶金に用いられ、また硫酸、シュウ酸などの製造、あるいはニトロベンゾール、ピクリン酸、ニトログリセリンなどの爆薬の製造やセルロイド工業などに用いられる。　**問 44**　一酸化鉛 PbO(別名密陀僧、リサージ)は劇物。赤色～赤黄色結晶。重い粉末で、黄色から赤色の間の様々なものがある。水にはほとんど溶けない。用途はゴムの加硫促進剤、顔料、試薬等。

問 45　2　　**問 46**　1　　**問 47**　3　　**問 48**　4

〔解説〕

解答のとおり。

問 49　2　　**問 50**　4　　**問 51**　3　　**問 52**　1

〔解説〕

解答のとおり。

問 53　1　　**問 54**　2　　**問 55**　3　　**問 56**　4

〔解説〕

問 53　四塩化炭素(テトラクロロメタン)CCl_4 は、特有な臭気をもつ不燃性、揮発性無色液体、水に溶けにくく有機溶媒には溶けやすい。強熱によりホスゲンを発生。亜鉛またはスズメッキした鋼鉄製容器で保管、高温に接しないような場所で保管。　**問 54**　メタノール CH_3OH は特有な臭いの揮発性無色液体。水に可溶。可燃性。引火性。可燃性、揮発性があり、火気を避け、密栓し冷所に貯蔵する。**問 55** 過酸化水素水 H_2O_2 は、少量なら褐色ガラス瓶(光を遮るため)、多量ならば現在はポリエチレン瓶を使用し、3 分の 1 の空間を保ち、日光を避けて冷暗所保存。特に、温度の上昇、動揺などによって爆発することがあるので、注意を要する。　　**問 56** クロロホルム $CHCl_3$ は、無色、揮発性の液体で特有の香気とわずかな甘みをもち、麻酔性がある。空気中で日光により分解し、塩素、塩化水素、ホスゲンを生じるので、少量のアルコールを安定剤として入れて冷暗所に保存。

問 57　2　　**問 58**　4　　**問 59**　1　　**問 60**　3

〔解説〕

問 57　キシレン $C_6H_4(CH_3)_2$ は劇物。無色透明の液体で芳香族炭化水素特有の臭いを有する。蒸気は空気より重い。水に不溶、有機溶媒に可溶である。　**問 58**　アンモニア水はアンモニア NH_3 を水に溶かした水溶液、無色透明、刺激臭がある液体。アルカリ性。水溶液にフェノールフタレイン液を加えると赤色になる。**問 59**　シュウ酸$(COOH)_2 \cdot 2H_2O$ は無色の柱状結晶、風解性、還元性、漂白剤、鉄さび落とし。無水物は白色粉末。　**問 60**　硫酸 H_2SO_4 は、劇物。無色無臭澄明な油状液体、腐食性が強い、比重 1.84、水、アルコールと混和するが発熱する。空気中および有機化合物から水を吸収する力が強い。

【平成 28 年度実施】

（一般）

問 41　3　　問 42　4　　問 43　2　　問 44　1

〔解説〕

問 41　ケイフッ化水素酸 H_2SiF_6 は、劇物。無色透明、刺激臭、発煙性液体。用途はセメントの硬化促進剤、メッキの電解液。鉄製容器に貯蔵。　問 42　亜塩素酸ナトリウム $NaCiO_2$ は劇物。白色の粉末。水に溶けやすい。加熱、摩擦により爆発的に分解する。用途は繊維、木材、食品等の漂白　問 43　酢酸エチル $CH_3COOC_2H_5$ 無色で果実臭のある可燃性の液体。その用途は主に溶剤や合成原料、香料に用いられる。　問 44　塩化亜鉛（別名　クロル亜鉛）$ZnCl_2$ は劇物。白色の結晶。空気にふれると水分を吸収して潮解する。用途は脱水剤、木材防臭剤、脱臭剤、試薬。

問 45　3　　問 46　2　　問 47　1　　問 48　4

〔解説〕

問 45　ニトロベンゼン $C_6H_5NO_2$ 特有な臭いの淡黄色液体。水に難溶。比重 1 より少し大。用途はアニリンの合成原料である。　問 46　塩化水素（HCl）は劇物。常温で無色の刺激臭のある気体である。水、メタノール、エーテルに溶ける。湿った空気中で発煙し塩酸になる。　問 47　アクリルニトリル CH_2=CHCN は、無臭透明の蒸発しやすい液体で、無臭又は微刺激臭がある。極めて引火しやすく、火災、爆発の危険性が強い。　問 48　シアン化ナトリウム NaCN は毒物：白色粉末、粒状またはタブレット状。融点は 564 ℃で水に易溶。アルコール、アンモニア水に可溶。空気中で湿気を吸収し、二酸化炭素と反応して有毒な HCN ガスを発生する。水溶液は強アルカリ性である。

問 49　3　　問 50　1　　問 51　2　　問 52　4

〔解説〕

問 49　無機シアン化合物は、毒物、呼吸麻痺をひきおこす。　問 50　沃化メチル CH_3I は、無色又は淡黄色透明の液体。劇物。中枢神経系の抑制作用および肺の刺激症状が現れる。　問 51　アクロレイン CH_2=CH-CHO は、劇物。無色または帯黄色の液体。刺激臭があり、引火性である。毒性については、目と呼吸系を激しく刺激する。皮膚を刺激して、気管支カタルや結膜炎をおこす。　問 52　塩素酸塩類はメトヘモグロビン血症をおこし、腎臓を衰弱させることで無尿などが引き起こされる。塩素酸塩類は血液毒である。

問 53　1　　問 54　3　　問 55　2　　問 56　4

〔解説〕

解答のとおり。

問 57　4　　問 58　1　　問 59　3　　問 60　2

〔解説〕

問 57　二硫化炭素 CS_2 は、無色流動性液体、引火性が大なので水を混ぜておくと安全、蒸留したてはエーテル様の臭気だが通常は悪臭。水に僅かに溶け、有機溶媒には可溶。日光の直射が当たらない場所で保存。　問 58　ヨウ素 I_2 は：黒褐色金属光沢ある稜板状結晶、昇華性。水に溶けにくい（しかし、KI 水溶液には良く溶ける $KI + I_2 \rightarrow KI_3$）。有機溶媒に可溶（エタノールやベンゼンでは褐色、クロロホルムでは紫色）。気密容器を用い、風通しのよい冷所に貯蔵する。腐食されやすい金属なので、濃塩酸、アンモニア水、アンモニアガス、テレビン油等から引き離しておく。　問 59　ナトリウム Na：アルカリ金属なので空気中の水分、炭酸ガス、酸素を遮断するため石油中に保存。　問 60　クロロホルム $CHCl_3$ は、無色、揮発性の液体で特有の香気とわずかな甘みをもち。麻酔性がある。空気中で日光により分解し、塩素 Cl_2、塩化水素 HCl、ホスゲン $COCl_2$、四塩化炭素 CCl_4 を生じるので、少量のアルコールを安定剤として入れて冷暗所に保存。

（農業用品目）

問41　3　**問42**　1　**問43**　4　**問44**　2

〔解説〕

問41　メソミル(別名メトミル)は、劇物。白色の結晶。弱い硫黄臭がある。水、メタノール、アセトンに溶ける。融点 78 ～ 79 ℃。カルバメート剤なので、解毒剤は硫酸アトロピン(PAM は無効)、SH 系解毒剤の BAL、グルタチオン等。**問42**　ジクワットは、劇物で、ジピリジル誘導体で淡黄色結晶、水に溶ける。土壌等に強く吸着されて不活性化する性質がある。中性又は酸性で安定、アルカリ溶液で薄める場合は、２～３時間以上貯蔵できない。用途は除草剤。　**問43**　フェンチオン MPP は、劇物(2 %以下除外)、有機リン剤、淡褐色のニンニク臭をもつ液体。有機溶媒には溶けるが、水には溶けない。稲のニカメイチュウ、ツマグロヨコバイなどの殺虫に用いる。　**問44**　硫酸タリウム Tl_2SO_4 は、劇物。白色結晶で、水にやや溶け、熱水に易溶、用途は殺鼠剤。ただし 0.3 %以下を含有し、黒色に着色され、かつ、トウガラシエキスを用いて著しくからく着味されているものは劇物から除外。

問45　3　**問46**　1　**問47**　4　**問48**　2

〔解説〕

問45　イミダクロプリドは劇物。弱い特異臭のある無色結晶。マイクロカプセル製剤の場合、12 %以下を含有するものは劇物から除外。用途は野菜等のアブラムシ等の殺虫剤(クロロニコチニル系農薬)。　**問46**　塩素酸ナトリウム $NaClO_3$ は、無色無臭結晶、酸化剤、水に易溶。空気中の水分により、潮解性を示す。用途は除草剤　**問47**　アゾキシストロビンは、:劇物。80 %以下は劇物から除外。白色粉末固体。水、ヘキサンに不溶。メタノール、アセトン、トルエンに可溶。用途は農薬の殺菌剤。　**問48**　クロルメコートは、劇物、白色結晶で魚臭、非常に吸湿性の結晶。エーテルに不溶。水、アルコールに可溶。用途は植物成長調整剤。4 級アンモニウム塩。

問49　2　**問51**　1　**問50**　1　**問52**　2

〔解説〕

問49　２－イソプロピルフェニルー N －メチルカルバメートは、劇物(1.5 %は劇物から除外)。白色結晶性の粉末。アセトンによく溶け、メタノール、エタノール、酢酸エチルにも溶ける。水に不溶。用途は、カーバメイト系の殺虫剤。**問51**　フルバリネートは劇物。淡黄色ないし黄褐色の粘稠性液体。水に難溶。熱、酸性には安定であるが、太陽光、アルカリには不安定。用途は、野菜、果樹、園芸植物のアブラムシ類、ハダニ類、アオムシ、コナガ等に用いられる殺虫剤で、シロアリ防除にも有効。**問 50、問 52** クロルピクリン CCl_3NO_2 は、無色～淡黄色液体、催涙性、粘膜刺激臭。水に不溶。アルコール、エーテルなどには溶ける。線虫駆除、土壌燻蒸剤。

問53　2　**問54**　4　**問55**　1　**問56**　3

〔解説〕

問53　沃化メチル CH_3I は、無色又は淡黄色透明の液体。劇物。中枢神経系の抑制作用および肺の刺激症状が現れる。　**問54**　DDVP：有機リン製剤で接触性殺虫剤。無色油状、水に溶けにくく、有機溶媒に易溶。水中では徐々に分解。有機リン製剤なのでコリンエステラーゼ阻害。　**問55**　無機シアン化合物は、毒物、呼吸麻痺をひきおこす。　**問56**　ニコチンは猛烈な神経毒を持ち、急性中毒では、よだれ、吐気、悪心、嘔吐、ついで脈拍緩徐不整、発汗、瞳孔縮小、呼吸困難、痙攣が起きる。

問57　4　**問58**　1　**問59**　2　**問60**　3

〔解説〕

問57　アンモニア NH_3(刺激臭無色気体)は水に極めてよく溶けアルカリ性を示すので、廃棄方法は、水に溶かしてから酸で中和後、多量の水で希釈処理する中和法。　**問58**　ダイアジノンは、劇物で純品は無色の液体。有機燐系。水に溶けにくい。有機溶媒に可溶。廃棄方法：燃焼法　廃棄方法はおが屑等に吸収させてアフターバーナー及びスクラバーを具備した焼却炉で焼却する。(燃焼法)**問59**　硫酸 H_2SO_4 は、強酸性物質なので石灰乳などのアルカリで中和後、水で希釈処理。　**問60**　カルバリルは有機物であるからそのまま焼却処分する。

（特定品目）

問 41　2　**問 42**　1　**問 43**　3　**問 44**　4

〔解説〕

問 41　塩素 Cl_2 は、黄緑色の刺激臭の空気より重い気体で、酸化力があるので酸化剤、用途は漂白剤、殺菌剤、消毒剤として使用される（紙パルプの漂白、飲用水の殺菌消毒などに用いられる）。　**問 42**　水酸化ナトリウム（別名：苛性ソーダ）NaOH は、は劇物。白色結晶性の固体。用途は試薬や農薬のほか、石鹸製造などに用いられる。　**問 43**　一酸化鉛 PbO（別名密陀僧、リサージ）は劇物。赤色～赤黄色結晶。重い粉末で、黄色から赤色の間の様々なものがある。水にはほとんど溶けない。用途はゴムの加硫促進剤、顔料、試薬等。　**問 44**　メチルエチルケトン $CH_3COC_2H_5$ は、劇物。アセトン様の臭いのある無色液体。蒸気は空気より重い。水に可溶。引火性。有機溶媒。用途は溶剤、有機合成原料。

問 45　1　**問 46**　4　**問 47**　3　**問 48**　2

〔解説〕

解答のとおり。

問 49　1　**問 50**　4　**問 51**　3　**問 52**　2

〔解説〕

解答のとおり。

問 53　3　**問 54**　2　**問 55**　1　**問 56**　4

〔解説〕

解答のとおり。

問 57　1　**問 58**　3　**問 59**　4　**問 60**　2

〔解説〕

解答のとおり。

【平成 29 年度実施】

（一般）

問 41　2　　問 42　1　　問 43　4　　問 44　3

〔解説〕

問 41　亜硝酸ナトリウム $NaNO_2$ は、劇物。白色または微黄色の結晶性粉末。水に溶けやすい。アルコールにはわずかに溶ける。潮解性がある。空気中では徐々に酸化する。用途はジアゾ化合物の製造、染色、写真、試薬等に用いられる。問 42　エジフェンホスは、劇物。黄色～淡褐色澄明な液体。用途は有機リン殺菌剤。　問 43　四塩化炭素（テトラクロロメタン）CCl_4 は、特有な臭気をもつ不燃性、揮発性無色液体、水に溶けにくく有機溶媒には溶けやすい。用途は洗濯剤、清浄剤の製造などに用いられる。　問 44　フェンバレートは、黄褐色の粘稠性液体で、水にほとんど溶けない。メタノール、アセトニトリル、酢酸エチルに溶けやすい。熱、酸に安定で、アルカリに不安定。また、光で分解する。用途は有機燐系の野菜、果樹等のアブラムシ類、アオムシ等の駆除。

問 45　2　　問 46　3　　問 47　4　　問 48　1

〔解説〕

問 45　臭化メチル（ブロムメチル）　CH_3Br は、劇物。本来無色無臭の気体だが、クロロホルム様の臭気をもつ。通常は気体で蒸気は空気より重い。　問 46　メソミル（別名メトミル）は、劇物。白色の結晶。水、メタノール、アセトンに溶ける。融点 78 ～ 79 ℃。　問 47　２－クロロニトロベンゼンは、劇物。黄色針状結晶、水には不溶で、エーテル、エタノール、ベンゼンには溶ける。沸点 245 ℃、融点 32 ℃。用途はアゾ染料中間物。　問 48　六フッ化タングステン WF_6：無色低沸点液体。ベンゼンにに可溶。吸湿性で加水分解を受ける。反応性が強く。ほとんどの金属を侵す。

問 49　3　　問 50　2　　問 51　4　　問 52　1

〔解説〕

問 49　リン化亜鉛 Zn_3P_2 の廃棄方法は、1）燃焼法（木粉（おが屑）等の可燃物を混ぜて、スクラバーを具備した焼却炉で焼却する）　あるいは 2）酸化法（多量の次亜塩素酸ナトリウム NaClO と水酸化ナトリウム NaOH の混合溶液中へ少量ずつ加えて酸化分解する。過剰の NaClO はチオ硫酸ナトリウムで、過剰の NaOH は希硫酸で中和し、沈殿ろ過し、埋立。）　問 50　塩化水素 HCl は酸性なので、石灰乳などのアルカリで中和した後、水で希釈する中和法。　問 51　水銀 Hg は、回収法により、そのまま再利用するため蒸留する。なお、回収を行う場合は専門業者に処理を委託することが望ましい。　問 52　水酸化カリウム KOH は、強塩基なので希薄な水溶液として酸で中和後、水で希釈処理する中和法。

問 53　4　　問 54　3　　問 55　1　　問 56　2

〔解説〕

解答のとおり。

問 57　4　　問 58　3　　問 59　1　　問 60　2

〔解説〕

問 57　二酸化セレン SeO_2 は毒物。白色の粉末、吸湿性がある。水に極めて溶けやすい。硫酸、酢酸、エタノールに溶ける。用途は試薬等。吸入した場合、発熱、頭痛、気管支炎を起こし、甚だしい場合は肺気腫を起こすこともある。また、皮膚に触れた場合、皮膚に浸透し、痛みを与え、黄色に変色する。又爪の間から入りやすい。　問 58　ベタナフトール（2-ナフトール）は劇物。無色の結晶。用途は防腐剤、試薬など。吸入した場合:腎炎を起こし、甚だしい場合には死亡することがある。また、皮膚に触れた場合:かゆみや、はれなどの皮膚炎を起こす。

問 59　アニリン　$C_6H_5NH_2$ は、劇物。沸点 184 ～ 186 ℃の油状物。アニリンは血液毒である。かつ神経毒であるので血液に作用してメトヘモグロビンを作り、チアノーゼを起こさせる。急性中毒では、顔面、口唇、指先等にはチアノーゼが現れる。さらに脈拍、血圧は最初亢進し、後に下降して、嘔吐、下痢、腎臓炎を起こし、痙攣、意識喪失で、ついに死に至ることがある。　問 60　硫酸タリウム Tl_2SO_4 は、白色結晶で、水にやや溶け、熱水に易溶、劇物、殺鼠剤。中毒症状は、疝痛、嘔吐、震せん、けいれん麻痺等の症状に伴い、しだいに呼吸困難、虚脱症状を呈する。治療法は、カルシウム塩、システインの投与。抗けいれん剤（ジアゼパム等）の投与。

（農業用品目）

問41　4　　問42　2　　問43　1　　問44　3

〔解説〕

問 41　DEP(ディプテレックス)は、劇物。純品は白色の結晶。クロロホルム、ベンゼン、アルコールに溶ける。また、水にも溶ける。有機燐製剤の一種。稲、野菜の害虫に対する接触性殺虫剤。　問 42　ニコチンは、毒物。無色無臭の油状液体だが空気中で褐色になる。沸点 246 ℃、比重 1.0097。純ニコチンは、刺激性の味を有している。ニコチンは、水、アルコール、エーテル等に容易に溶ける。

問43　ピラクロストロビンは劇物。暗褐色粘稠な物質。水にわずかに溶ける。用途は殺菌剤。　問 44　硫酸第二銅 $CuSO_4 \cdot 5H_2O$ は一般的に七水和物で流通しており、藍色の結晶である。風解性がある。無水硫酸ナトリウムは白色の粉末である。

問45　3　　問46　4　　問47　2　　問48　1

〔解説〕

問 45　シアン酸ナトリウム NaOCN は、白色の結晶性粉末、水に易溶、有機溶媒に不溶。熱水で加水分解。劇物。除草剤、有機合成、鋼の熱処理に用いられる。

問46　モノフルオール酢酸ナトリウム FCH_2COONa は、特毒。重い白色粉末。からい味と酢酸の臭いとを有する。吸湿性、冷水に易溶、メタノールやエタノールに可溶。野ネズミの駆除に使用。　問 47　メチルイソチオシアネートは、劇物。無色結晶。水にわずかに溶けるが、アルコール、エーテルに易溶。融点 35 ℃～ 36 ℃。沸点は 119 ℃。用途は殺菌剤。　問48　トリシクラゾールは、劇物、無色無臭の結晶、水、有機溶媒にはあまり溶けない。農業用殺菌剤(イモチ病に用いる。)。８％以下は劇物除外。

問49　1　　問50　4　　問51　2　　問52　3

〔解説〕

問 49　クロルピクリン CCl_3NO_2 は、無色～淡黄色液体、催涙性、粘膜刺激臭。気管支を刺激してせきや鼻汁が出る。多量に吸入すると、胃腸炎、肺炎、尿に血が混じる。悪心、呼吸困難、肺水腫を起こす。　問50　ジクワットは、劇物で、ジピリジル誘導体で淡黄色結晶、水に溶ける。除草剤。毒性は、経口摂取の場合に初め嘔吐、不快感、粘膜の炎症、意識障害、その後に腎・肝臓障害、黄疸が現れ、さらに呼吸困難、肺浮腫間質性肺炎等。　問51　有機フッ素化合物の TCA サイクルの阻害によって中毒が起こる。症状は呼吸中枢障害型、心臓障害型、中枢神経型に分けられる。解毒剤はアセトアミド。　問 52　有機燐製剤は、口や呼吸により体内に摂取されるばかりでなく、皮膚からの呼吸が激しい。血液中のコリンエステラーゼと結合し、その作用を阻害する。解毒・治療薬にはＰＡＭ・硫酸アトロピン。

問53　2　　問54　1　　問55　3　　問56　4

〔解説〕

問 53　パラコートの廃棄方法は①燃焼法では、おが屑等に吸収させてアフターバーナー及びスクラバーを具備した焼却炉で焼却する。②検定法。　問 54　シアン化ナトリウム NaCN は、酸性だと猛毒のシアン化水素 HCN が発生するのでアルカリ性にしてから酸化剤でシアン酸ナトリウム NaOCN にし、余分なアルカリを酸で中和し多量の水で希釈処理する酸化法。水酸化ナトリウム水溶液等でアルカリ性とし、高温加圧下で加水分解するアルカリ法。　問55　硫酸亜鉛 $ZnSO_4$ の廃棄方法は、金属 Zn なので 1)沈澱法；水に溶かし、消石灰、ソーダ灰等の水溶液を加えて生じる沈殿物をろ過してから埋立。2)焙焼法；還元焙焼法により Zn を回収。　問 56　アンモニア NH_3(刺激臭無色気体)は水に極めてよく溶けアルカリ性を示すので、廃棄方法は、水に溶かしてから酸で中和後、多量の水で希釈処理する中和法。

問57　2　　問58　4　　問59　1　　問60　3

〔解説〕

問 57　ロテノンはデリスの根に含まれる。殺虫剤。酸素、光で分解するので遮光保存。２％以下は劇物から除外。　問 58　塩素酸ナトリウム $NaClO_3$ は、無色無臭結晶。可燃性物質と混合すると爆発する危険性があるので、同一保管をせず、金属腐食性があるので金属容器をさける。また、潮解性があるので、乾燥した冷暗所に密栓保存する。　問 59　硫酸 H_2SO_4 は濃い濃度のものは比重がきわめて大きく、水でうすめると激しく発熱するため、密栓して保存する。　問 60　ブロムメチル CH_3Br は常温では気体であるため、これを圧縮液化し、圧容器に入れ冷暗所で保存する。

（特定品目）

問41　4　　問42　3　　問43　2　　問44　1

〔解説〕

問41　硫酸 H_2SO_4 は、無色無臭澄明な油状液体、腐食性が強い、比重1.84、水、アルコールと混和するが発熱する。空気中および有機化合物から水を吸収する力が強い。肥料、石油精製、冶金、試薬など用いられる。　問42　水酸化ナトリウム(別名：苛性ソーダ)NaOH は、は劇物。白色結晶性の固体。用途は試薬や農薬のほか、石鹸製造などに用いられる。　問43　過酸化水素 H_2O_2：無色無臭で粘性の少し高い液体。徐々に水と酸素に分解する。酸化力、還元力をもつ。漂白、医薬品、化粧品の製造。　問44　ホルムアルデヒド HCHO は、無色刺激臭の気体で水に良く溶け、これをホルマリンという。ホルマリンは無色透明な刺激臭の液体、低温ではパラホルムアルデヒドの生成により白濁または沈殿が生成することがある。用途はフィルムの硬化、樹脂製造原料、試薬・農薬等。１％以下は劇物から除外。

問45　2　　問46　4　　問47　3　　問48　1

〔解説〕

問45　水酸化カリウム KOH は強アルカリ性なので、高濃度のものは腐食性が強く、皮膚に触れると激しく侵す。ダストとミストを吸入すると、呼吸器官を侵す。強アルカリ性なので眼に入った場合には、失明する恐れがある。　問46　蓚酸は血液中の石灰分を奪取し神経痙攣等をおかす。急性中毒症状は胃痛、嘔吐、口腔咽喉に炎症をおこし腎臓がおかされる。治療方法は、グルコン酸カルシウムの投与。　問47　メタノール CH_3OH は特有な臭いの無色液体。水に可溶。可燃性。染料、有機合成原料、溶剤。　メタノールの中毒症状：吸入した場合、めまい、頭痛、吐気など、はなはだしい時は嘔吐、意識不明。中枢神経抑制作用。飲用により視神経障害、失明。　問48　クロロホルムの中毒：原形質毒、脳の節細胞を麻酔、赤血球を溶解する。吸収するとはじめ嘔吐、瞳孔縮小、運動性不安、次に脳、神経細胞の麻酔が起きる。中毒死は呼吸麻痺、心臓停止による。

問49　2　　問50　3　　問51　4　　問52　1

〔解説〕

問49　アンモニア NH_3(刺激臭無色気体)は水に極めてよく溶けアルカリ性を示すので、廃棄方法は、水に溶かしてから酸で中和後、多量の水で希釈処理する中和法。　問50　一酸化鉛 PbO は、水に難溶性の重金属なので、1)固化隔離法：そのままセメント固化し、埋立処理。2)還元焙焼法：還元的燃焼法により金属鉛として回収。　問51　塩素 Cl_2 は劇物。黄緑色の気体で激しい刺激臭がある。冷却すると、黄色溶液を経て黄白色固体。水にわずかに溶ける。沸点-34 .05℃。強い酸化力を有する。極めて反応性が強く、水素又はアセチレンと爆発的に反応する。水分の存在下では、各種金属を腐食する。水溶液は酸性を呈する。粘膜接触により、刺激症状を呈する。廃棄法：アルカリ法と還元法がある。　問52　トルエンは可燃性の溶液であるから、これを珪藻土などに付着して、焼却する燃焼法。

問53　3　　問54　1　　問55　2　　問56　4

〔解説〕

解答のとおり。

問57　1　　問58　2　　問59　4　　問60　3

〔解説〕

解答のとおり。

【平成30年度実施】

（一般）

問41　1　　問42　2　　問43　3　　問44　4

〔解説〕

問 41　ニッケルカルボニル（$Ni(CO)_4$）は毒物。常温で流動性の無色の液体。昇華しやすい。用途はガソリンのアンチノッキング剤等。　問 42　クロルメコートは、劇物、白色結晶で魚臭、非常に吸湿性の結晶。エーテルに不溶。水、アルコールに可溶。用途は植物成長調整剤。4 級アンモニウム塩。　問 43　パラフェニレンジアミンは劇物。白色又は微赤色の板状結晶。水にはやや溶けにくい。アルコール、エーテルにはよく溶ける。用途は染料製造、毛皮の染色、ゴム工業、染毛剤及び試薬。　問 44　2,2-ジメチルプロパイノルクロライド（別名トリメチルアセチルクロライド）は劇物。特徴的臭気のある液体。引火性。水で分解、エーテルに反応。用途は農薬や医薬品製造における反応用中間体、反応医薬として使用。

問45　4　　問46　3　　問47　1　　問48　2

〔解説〕

問 45　ヒドラジン NH_2NH_2 は、毒物。無色の油状の液体で空気中で発煙する。燃やすと紫色の焔を上げる。アンモニ様の強い臭気をもつ。　問 46　塩化第一水銀 Hg_2Cl_2 は、白色粉末。400 ℃で昇華する。水にほとんど溶けない。希硝酸にわすがに溶ける。エタノールに不溶。用途は甘汞電極、試薬。　問 47　燐化水素（別名ホスフィン）は無色、腐魚臭の気体。気体は自然発火する。水にわずかに溶け、酸素及びハロゲンとは激しく結合する。エタノール、エーテルに溶ける。

問 48　四エチル鉛 $(C_2H_5)_4Pb$ は、特定毒物。常温においては無色可燃性の液体。ハッカ実臭をもつ液体。水にほとんど溶けない。金属に対して腐食性がある。

問49　1　　問50　4　　問51　2　　問52　3

〔解説〕

問 49　水素化アンチモン SbH3（別名スチビン、アンチモン化水素）は、劇物。無色、ニンニク臭の気体。空気中では常温でも徐々に水素と金属アンモンに分解。水に難溶。エタノールには可溶。用途はエピタキシャル成長用。廃棄法はスクラバーを具備した焼却炉の火室へ噴霧し、焼却した後、洗浄廃液に希硫酸を加えて酸性にする。この溶液に、硫化ナトリウム水溶液を加えて沈殿させ、ろ過して埋立処分する燃焼沈殿法。　問 50　クロロホルム $CHCl_3$ は含ハロゲン有機化合物なので廃棄方法はアフターバーナーとスクラバーを具備した焼却炉で焼却する燃焼法。　問 51　エチレンオキシドは、劇物。快臭のある無色のガス。水、アルコール、エーテルに可溶。可燃性ガス、反応性に富む。廃棄法：多量の水に少量ずつガスを吹き込み溶解し希釈した後、少量の硫酸を加えエチレングリコールに変え、アリカリ水で中和し、活性汚泥で処理する活性汚泥法　問 52　クロム酸鉛 $PbCrO_4$ は黄色粉末、水にほとんど溶けず、希硝酸、水酸化アルカリに溶ける。別名はクロムイエロー。廃棄法は、還元沈殿法で希硫酸を加えたのち、還元剤（硫酸第一鉄等）の水溶液を過剰に用いて残存する可溶性クロム酸塩類を還元したのち消石灰、ソーダ灰等の水溶液で処理し､沈殿濾過するの他に焙焼法がある。

問53　3　　問54　1　　問55　4　　問56　2

〔解説〕

解答のとおり。

問57　3　　問58　1　　問59　4　　問60　2

〔解説〕

問 57　トルエンは、劇物。無色、可燃性のベンゼ臭を有する液体。麻酔性が強い。蒸気の吸入により頭痛、食欲不振などがみられる。大量では緩和な大血球性貧血をきたす。常温では容器上部空間の蒸気濃度が爆発範囲に入っているので取扱いに注意。　問 58　モノフルオール酢酸ナトリウム FCH_2COONa は有機フッ素化合物である。これの中毒は TCA サイクルを阻害し、呼吸中枢障害、激しい嘔吐、てんかん様痙攣、チアノーゼ、不整脈など。治療薬はアセトアミド。

問 59　クロルピクリン CCl_3NO_2 は、無色～淡黄色液体、催涙性、粘膜刺激臭。水に不溶。線虫駆除、燻蒸剤。毒性・治療法は、血液に入りメトヘモグロビンを作り、また、中枢神経、心臓、眼結膜を侵し、肺にも強い傷害を与える。治療法は酸素吸入、強心剤、興奮剤。　問 60　シアン化水素 HCN は、毒物。無色の気体または液体。猛毒で、吸入した場合、頭痛、めまい、意識不明、呼吸麻痺を起こす。2

（農業用品目）

問41　2　　問42　4　　問43　3　　問44　1

〔解説〕

問41　エンドタールは、劇物。白色結晶。用途は除草剤。　　問42　ジノカップは、ニトロ化合物、暗褐色粘性液体。0.2 %は劇物から除外。バラ、たばこ等のウドンコ病の殺菌。　　問43　DVP は有機リン製剤で接触性殺虫剤。無色油状液体、水に溶けにくく、有機溶媒に易溶。水中では徐々に分解。　　問 44　燐化亜鉛 Zn_3P_2 は、灰褐色の結晶又は粉末。かすかにリンの臭気がある。ベンゼン、二硫化炭素に溶ける。酸と反応して有毒なホスフィン PH3 を発生。劇物。用途は殺鼠剤。

問45　4　　問46　1　　問47　2　　問48　3

〔解説〕

問45　フェンチオン MPP は、劇物(2 %以下除外)、有機リン剤、淡褐色のニンニク臭をもつ液体。有機溶媒には溶けるが、水には溶けない。稲のニカメイチュウ、ツマグロヨコバイなどの殺虫に用いる。　　問46　カズサホスは、10 %を超えて含有する製剤は毒物、10 %以下を含有する製剤は劇物。有機リン製剤、硫黄臭のある淡黄色の液体。水に溶けにくい。有機溶媒に溶けやすい。比重 1.05(20 ℃)、沸点 149 ℃。　　問 47　ブラストサイジン S は、白色針状結晶、融点 250 ℃以上で徐々に分解。水に可溶、有機溶媒に難溶。pH5 ～ 7 で安定。塩基性抗カビ抗生物質で、稲のイモチ病に用いる。劇物。　　問 48　ニコチンは、毒物。アルカロイドであり、純品は無色、無臭の油状液体であるが、空気中では速やかに褐変する。水、アルコール、エーテル等に容易に溶ける。

問49　2　　問50　1　　問51　3　　問52　2

〔解説〕

問 49　ニコチンは猛烈な神経毒を持ち、急性中毒では、よだれ、吐気、悪心、嘔吐、ついで脈拍緩徐不整、発汗、瞳孔縮小、呼吸困難、痙攣が起きる。　　問50　エチレンクロルヒドリンは吸入した場合は吐気、嘔吐、頭痛及び胸痛等の症状を起こすことがある。皮膚にふれた場合は、皮膚を刺激し、皮膚からも吸収され吸入した場合と同様の中毒症状を起こすことがある。　　問 51　クロルピクリン CCl_3NO_2 は、無色～淡黄色液体で催涙性、粘膜刺激臭を持つことから、気管支を刺激してせきや鼻汁が出る。多量に吸入すると、胃腸炎、肺炎、尿に血が混じる。悪心、呼吸困難、肺水腫を起こす。手当は酸素吸入をし、強心剤、興奮剤を与える。

問52　2

〔解説〕

有機燐製剤は、口や呼吸により体内に摂取されるばかりでなく、皮膚からの呼吸が激しい。血液中のコリンエステラーゼと結合し、その作用を阻害する。解毒・治療薬にはＰＡＭ・硫酸アトロピン。

問53　1　　問54　4　　問55　3　　問56　2

〔解説〕

問 53　クロルピクリン CCl_3NO_2 は、無色～淡黄色液体、催涙性、粘膜刺激臭。水に不溶。線虫駆除、燻蒸剤。廃棄方法は分解法。すなわち、水に不溶なため界面活性剤を加え溶解し、Na_2SO_3 と Na_2CO_3 で分解後、希釈処理。　　問 54　ブロムメチル(臭化メチル)CH_3Br は、燃焼させると C は炭酸ガス、H は水、ところが Br は HBr(強酸性物質、気体)などになるのでスクラバーを具備した焼却炉が必要となる。　　問 55　硫酸亜鉛 $ZnSO_4$ の廃棄方法は、金属 Zn なので 1)沈澱法；水に溶かし、消石灰、ソーダ灰等の水溶液を加えて生じる沈殿物をろ過してから埋立。2)焙焼法；還元焙焼法により Zn を回収。　　問 56　シアン化カリウム KCN は、毒物で無色の塊状又は粉末。①酸化法　水酸化ナトリウム水溶液を加えてアルカリ性(pH11 以上)とし、酸化剤(次亜塩素酸ナトリウム、さらし粉等)等の水溶液を加えて CN 成分を酸化分解する。CN 成分を分解したのち硫酸を加え中和し、多量の水で希釈して処理する。②アルカリ法　水酸化ナトリウム水溶液等でアリカリ性とし、高温加圧下で加水分解する。

問57　4　　問58　3　　問59　1　　問60　2

〔解説〕

問 57　シアン化カリウム KCN は、白色、潮解性の粉末または粒状物、空気中では炭酸ガスと湿気を吸って分解する(HCN を発生)。また、酸と反応して猛毒の HCN(アーモンド様の臭い)を発生する。貯蔵法は、少量ならばガラス瓶、多量ならばブリキ缶又は鉄ドラム缶を用い、酸類とは離して風通しの良い乾燥した冷所に密栓して貯蔵する。　　**問 58**　ロテノンはデリスの根に含まれる。殺虫剤。酸素、光で分解するので遮光保存。２％以下は劇物から除外。　　**問 59**　ブロムメチル CH_3Br は常温では気体であるため、これを圧縮液化し、圧容器に入れ冷暗所で保存する。　　**問 60**　アンモニア水は無色透明、刺激臭がある液体。アンモニア NH_3 は空気より軽い気体。濃塩酸を近づけると塩化アンモニウムの白い煙を生じる。NH_3 が揮発し易いので密栓。

（特定品目）

問 41　3　　**問 42**　4　　**問 43**　1　　**問 44**　2

〔解説〕

問 41　水酸化カリウム KOH(別名苛性カリ)は白色の固体で、空気中の水分や二酸化炭素を吸収する潮解性がある。水溶液は強いアルカリ性を示す。また、腐食性が強い。　　**問 42**　重クロム酸カリウム $K_2Cr_2O_7$ は、橙赤色結晶、酸化剤。水に溶けやすく、有機溶媒には溶けにくい。　　**問 43**　四塩化炭素(テトラクロロメタン)CCl_4 は、劇物。揮発性、麻酔性の芳香を有する、無色の重い液体である。水には溶けにくいが、アルコール、エーテル、クロロホルムにはよく溶け、不燃性である。　　**問 44**　硝酸 HNO_3 は純品なものは無色透明で、徐々に淡黄色に変化する。特有の臭気があり腐食性が高い。うすめた水溶液に銅屑を加えると藍(青)色を呈して溶ける。

問 45　3　　**問 46**　2　　**問 47**　1　　**問 48**　4

〔解説〕

問 45　アンモニア NH_3(刺激臭無色気体)は水に極めてよく溶けアルカリ性を示すので、廃棄方法は、水に溶かしてから酸で中和後、多量の水で希釈処理する中和法。　　**問 46**　硅弗化ナトリウムは劇物。無色の結晶。水に溶けにくい。廃棄法は水に溶かし、消石灰等の水溶液を加えて処理した後、希硫酸を加えて中和し、沈殿濾過して埋立処分する分解沈殿法。　　**問 47**　塩素 Cl_2 は、黄緑色の刺激臭の空気より重い気体。多量のアルカリ水溶液（石灰乳又は水酸化ナトリウム水溶液等）中に吹き込んだ後、多量の水で希釈して処理するアルカリ法。　　**問 48**　メチルエチルケトン $CH_3COC_2H_5$ は、アセトン様の臭いのある無色液体。引火性。有機溶媒。廃棄方法は、C, H, O のみからなる有機物なので燃焼法。

問 49　1　　**問 50**　2　　**問 51**　3　　**問 52**　4

〔解説〕

問 49　クロム酸ナトリウムは酸化性があるので工業用の酸化剤などに用いられる。　　**問 50**　シュウ酸$(COOH)_2 \cdot 2H_2O$ は無色の柱状結晶、風解性、還元性、漂白剤、鉄さび落とし。無水物は白色粉末。漂白剤として使用されるほか、鉄錆のよごれをおとすのに用いられる。　　**問 51**　クロロホルム $CHCl_3$ は、無色、揮発性の重い液体で特有の香気とわずかな甘みをもち、麻酔性がある。不燃性。水にわずかに溶ける。用途はゴムやニトロセルロース等の溶剤、合成樹脂原料、医薬品原料。　　**問 52**　キシレン $C_6H_4(CH_3)_2$ は、無色透明な液体で o-、m-、p-の 3 種の異性体がある。水にはほとんど溶けず、有機溶媒に溶ける。溶剤、染料中間体などの有機合成原料、試薬等。

問 53　1　　**問 54**　3　　**問 55**　2　　**問 56**　4

〔解説〕

問 53　水酸化ナトリウム(別名：苛性ソーダ)NaOH は、白色結晶性の固体。水と炭酸を吸収する性質が強い。空気中に放置すると、潮解して徐々に炭酸ソーダの皮層を生ずる。貯蔵法については潮解性があり、二酸化炭素と水を吸収する性質が強いので、密栓して貯蔵する。　**問 54**　四塩化炭素(テトラクロロメタン)CCl_4 は、特有な臭気をもつ不燃性、揮発性無色液体、水に溶けにくく有機溶媒には溶けやすい。強熱によりホスゲンを発生。亜鉛またはスズメッキした鋼鉄製容器で保管、高温に接しないような場所で保管。　　**問 55**　アンモニア水は無色刺激臭のある揮発性の液体。ガスが揮発しやすいため、よく密栓して貯蔵する。　　**問 56**　過酸化水素水 H_2O_2 は、少量なら褐色ガラス瓶(光を遮るため)、多量ならば現在はポリエチレン瓶を使用し、3 分の 1 の空間を保ち、有機物等から引き離し日光を避けて冷暗所保存。

問57　1　　**問58**　2　　**問59**　3　　**問60**　4

〔解説〕

問 57　一酸化鉛 PbO(別名リサージ)は劇物。赤色～赤黄色結晶。重い粉末で、黄色から赤色の間の様々なものがある。水にはほとんど溶けないが、酸、アルカリにはよく溶ける。酸化鉛は空気中に放置しておくと、徐々に炭酸を吸収して、塩基性炭酸鉛になることもある。光化学反応をおこし、酸素があると四酸化三鉛、酸素がないと金属鉛を遊離する。　**問 58**　アンモニア水は無色透明、刺激臭がある液体。アルカリ性。　**問 59**　塩素 Cl_2 は劇物。常温では、窒息性臭気をもち黄緑色気体である。冷却すると黄色溶液を経て黄白色固体となる。　**問 60**　メチルエチルケトン $CH_3COC_2H_5$ は、劇物。無色の液体でアセトン様の芳香があり､引火性が大きい｡有機溶媒､水に溶ける。

【令和元年度実施】

※九州全県・沖縄県統一共通においては、毎年８月に行われている試験が台風の影響により、２通りに分かれて試験が実施されました。これに伴い令和元年度は、２つの試験問題作成がされたことで、２つの試験問題を収録いたしました。

九州全県・沖縄県統一共通①
〔福岡県・沖縄県〕

（一般）

問 41　4　　問 42　3　　問 43　1　　問 44　2

〔解説〕

問 41　硫酸亜鉛 $ZnSO_4 \cdot 7H_2O$ は、無色無臭の結晶、顆粒または白色粉末、風解性。水に易溶。有機溶媒に不溶。木材防腐剤、塗料、染料、農業用に殺菌剤。　問 42　酸化バリウム BaO は劇物。無色透明の結晶。水にわずかに溶ける。水と作用すると多量の熱を出しして水酸化バリウムとなる。アルカリ性を呈する。用途は工業用の脱水剤、水酸化物の製造用、釉薬原料に使われる。また試薬、乾燥剤にも用いられる。　問 43　アミドチオエートは毒物。淡黄色油状。弱い特異臭がある。アセトン等の有機溶媒に可溶。水に難溶。用途は殺虫剤〔みかん、りんご、なし等のハダンニ類〕　問 44　サリノマイシンナトリウムは劇物。白色～淡黄色の結晶性粉末。わずかに臭いがある。酢酸エチルにきわめて溶ける。水にほとんど溶けない。が、ベンゼン、クロロホルム、アセトン、メタノールに溶けやすい。用途は飼料添加物。

問 45　3　　問 46　2　　問 47　1　　問 48　4

〔解説〕

問 45　ピクリン酸 $C_6H_2(NO_2)_3OH$：淡黄色の針状結晶で、急熱や衝撃で爆発。金属との接触でも分解が起こる。用途は試薬、染料。　問 46　フェノール C_6H_5OH は、無色の針状晶あるいは結晶性の塊りで特異な臭気があり、空気中で酸化され赤色になる。アルコール、エーテル、クロロホルム、水酸化アルカリに溶けるが、石油エーテルには溶けない。　問 47　メチルアミン(CH_3NH_2)は劇物。無色でアンモニア臭のある気体。メタノール、エタノールに溶けやすく、引火しやすい。また、腐食が強い。用途は医薬、農薬の原料、染料。　問 48　無水クロム酸(CrO_3)は劇物。暗赤色針状結晶。潮解性がある。水に易溶。きわめて強い酸化剤である。腐食性が大きく、酸性である。用途は工業用には酸化剤、また試薬等

問 49　1　　問 50　2　　問 51　3　　問 52　4

〔解説〕

問 49　ニッケルカルボニルは毒物。無色の揮発性液体で空気中で酸化される。60℃位いに加熱すると爆発することがある。多量のベンゼンに溶解し、スクラバーを具備した焼却炉の火室へ噴霧して、焼却する燃焼法と多量の次亜塩素酸ナトリウム水溶液を用いて酸化分解。そののち過剰の塩素を亜硫酸ナトリウム水溶液等で分解させ、その後硫酸を加えて中和し、金属塩を水酸化ニッケルとしてで沈殿濾過して埋立死余分する酸化沈殿法。　問 50　アクロレイン $CH_2=CHCHO$　刺激臭のある無色液体、引火性。光、酸、アルカリで重合しやすい。医薬品合成原料。貯法は、反応性に富むので安定剤を加え、空気を遮断して貯蔵。廃棄方法は、1)燃焼法、(ア)珪藻土に吸着させ、開放型の焼却炉で焼却。(イ)可燃性溶剤に溶かし、火室へ噴霧して焼却。　2)酸化法、過剰の酸性亜硫酸ナトリウム水溶液に混合した後、過剰の還元剤を酸化剤(次亜塩素酸ナトリウム等)で酸化し、水で希釈処理。　問 51　シアン化ナトリウム NaCN は、酸性だと猛毒のシアン化水素 HCN が発生するのでアルカリ性にしてから酸化剤でシアン酸ナトリウム NaOCN にし、余分なアルカリを酸で中和し多量の水で希釈処理する酸化法。水酸化ナトリウム水溶液等でアルカリ性とし、高温加圧下で加水分解するアルカリ法。　問 52　過酸化水素水は H_2O_2 の水溶液で、劇物。無色透明な液体。廃棄方法は、多量の水で希釈して処理する希釈法。

問 53　2　　問 54　1　　問 55　3　　問 56　4

〔解説〕

問 53　塩素は劇物。常温では窒息性臭気をもつ黄緑色気体。漏えいした場合は漏えい箇所や漏えいした液には消石灰を十分に散布したむしろ、シート等をかぶせ、その上にさらに消石灰を散布して吸収させる。漏えい容器には散布しない。多量にガスが噴出した場所には遠くから霧状の水をかけて吸収させる。　問 54　ニトロベンゼン $C_6H_5NO_2$ は特有な臭いの淡黄色液体。水に難溶。比重 1 より少し大。可燃性。多量の水で洗い流すか、又は土砂、おが屑等に吸着させて空容器に回収し安全な場所で焼却する。　問 55　キシレン $C_6H_4(CH_3)_2$ は、無色透明な液体で o-、m-、p-の 3 種の異性体がある。水にはほとんど溶けず、有機溶媒に溶ける。溶剤。揮発性、引火性。　揮発を防ぐため表面を泡で覆う。　問 56　クロルピクリン CCl_3NO_2　は、無色～淡黄色液体、催涙性、粘膜刺激臭。水に不溶。少量の場合、漏洩した液は布でふきとるか又はそのまま風にさらとて蒸発させる。

問 57　3　　問 58　2　　問 59　4　　問 60　1

〔解説〕

問 57　硝酸 HNO_3 は無色の発煙性液体。蒸気は眼、呼吸器などの粘膜および皮膚に強い刺激性をもつ。高濃度のものが皮膚に触れるとガスを生じ、初めは白く変色し、次第に深黄色になる（キサントプロテイン反応）。　問 58　四塩化炭素 CCl_4 は特有の臭気をもつ揮発性無色の液体、水に不溶、有機溶媒に易溶。揮発性のため蒸気吸入により頭痛、悪心、黄疸ようの角膜黄変、尿毒症等。　問 59　N-ブチルピロリジンは、劇物。無色澄明の液体。魚肉腐敗臭がある。アルコール、ベンゼン等の有機溶媒に溶けるが。水とは交わらない。吸入した場合、呼吸器を刺激し、吐き気、嘔吐を起こす。皮膚に触れた場合、皮膚を刺激し、皮膚からも吸収され吸入した場合と同様の中毒症状がでる。　問 60　1

（農業用品目）

問 41　2　　問 42　1　　問 43　3　　問 44　4

〔解説〕

問 41　塩素酸カリウム $KClO_3$（別名塩素酸カリ）は、無色の結晶。水に可溶。アルコールに溶けにくい。熱すると酸素を発生する。そして、塩化カリとなり、これに塩酸を加えて熱すると塩素を発生する。用途はマッチ、花火、爆発物の製造、酸化剤、抜染剤、医療用。　問 42　イソキサチオンは有機リン剤、劇物（2 ％以下除外）、淡黄褐色液体、水に難溶、有機溶剤に易溶、アルカリには不安定。ミカン、稲、野菜、茶等の害虫駆除。（有機燐系殺虫剤）　問 43　フッ化スルフリル（SO_2F_2）は毒物。無色無臭の気体。沸点-55. 38 ℃。水１ l に 0. 75G 溶ける。アルコール、アセトンにも溶ける。用途は殺虫剤、燻蒸剤。　問 44　メソミル（別名メトミル）は、毒物（劇物は 45 ％以下は劇物）。白色の結晶。水、メタノール、アセトンに溶ける。融点 78 ～ 79 ℃。カルバメート剤なので、解毒剤は硫酸アトロピン（PAM は無効）、SH 系解毒剤の BAL、グルタチオン等。

問 45　1　　問 46　4　　問 47　3　　問 48　2

〔解説〕

問 45　イミノクタジンは、劇物。白色の粉末（三酢酸塩の場合）。果樹の腐らん病、晩腐病等、麦の斑葉病、芝の葉枯病殺菌する殺菌剤。　問 46　クロルメコートは、劇物、白色結晶で魚臭、非常に吸湿性の結晶。エーテルに不溶。水、アルコールに可溶。用途は植物成長調整剤。4 級アンモニウム塩。　問 47　ディプレテックス（DEP）は、有機リン、劇物、白色結晶、稲や野菜の諸害虫に対する接触性殺虫剤。除外は 10 ％以下。　問 48　硫酸タリウム Tl_2SO_4 は、劇物。白色結晶で、水にやや溶け、熱水に易溶、用途は殺鼠剤。硫酸タリウム 0. 3 ％以下を含有し、黒色に着色され、かつ、トウガラシエキスを用いて著しくからく着味されているものは劇物から除外。

問 49　3　　問 50　4　　問 51　2　　問 52　1

〔解説〕

問 49　ダイアジノンは有機リン系化合物であり、有機リン製剤の中毒はコリンエステラーゼを阻害し、頭痛、めまい、嘔吐、言語障害、意識混濁、縮瞳、痙攣など。治療薬は硫酸アトロピンと PAM。　問 50　シアン酸ナトリウム NaOCN は、白色の結晶性粉末、水に易溶、有機溶媒に不溶。熱水で加水分解。劇物。除草剤、有機合成、鋼の熱処理に用いられる。治療薬はチオ硫酸ナトリウム。

問 51　モノフルオール酢酸ナトリウムは有機フッ素系である。有機フッ素化合物の中毒：TCA サイクルを阻害し、呼吸中枢障害、激しい嘔吐、てんかん様痙攣、チアノーゼ、不整脈など。治療薬はアセトアミド。　　　**問 52**　リン化亜鉛 Zn_3P_2 は、灰褐色の結晶又は粉末。かすかにリンの臭気がある。ベンゼン、二硫化炭素に溶ける。酸と反応して有毒なホスフィン PH3 を発生。用途は、殺鼠剤。ホスフィンにより嘔吐、めまい、呼吸困難などが起こる。

問 53　2　　**問 54**　1　　**問 55**　4　　**問 56**　3

〔解説〕

問 53　EPN は毒物。芳香臭のある淡黄色油状または白色結晶で、水には溶けにくい。一般の有機溶媒には溶けやすい。TEPP 及びパラチオンと同じ有機燐化合物である。可燃性溶剤とともにアフターバーナー及びスクラバーを具備した焼却炉の火室へ噴霧し、焼却する燃焼法。用途は遅効性の殺虫剤として使用される。

問 54　塩素酸ナトリウム $NaClO_3$ は酸化剤なので、希硫酸で HClO3 とした後、これを還元剤中へ加えて酸化還元後、多量の水で希釈処理する還元法。　**問 55**　硫酸 H_2SO_4 は酸なので廃棄方法はアルカリで中和後、水で希釈する中和法。

問 56　硫酸銅 $CuSO_4$ は、水に溶解後、消石灰などのアルカリで水に難溶な水酸化銅 $Cu(OH)_2$ とし、沈殿ろ過して埋立処分する沈殿法。または、還元焙焼法で金属銅 Cu として回収する還元焙焼法。

問 57　4　　**問 58**　3　　**問 59**　1　　**問 60**　2

〔解説〕

問 57　シアン化水素 HCN は、無色の気体または液体(b. p. 25.6 ℃)、特異臭(アーモンド様の臭気)、弱酸、水、アルコールに溶ける。毒物。貯法は少量なら褐色ガラス瓶、多量なら銅製シリンダーを用い日光、加熱を避け、通風の良い冷所に保存。　**問 58**　ブロムメチル CH_3Br は可燃性・引火性が高いため、火気・熱源から遠ざけ、直射日光の当たらない換気性のよい冷暗所に貯蔵する。耐圧等の容器は錆防止のため床に直置きしない。　　**問 59**　ホストキシン(リン化アルミニウム AlP とカルバミン酸アンモニウム $H_2NCOONH_4$ を主成分とする。)は、ネズミ、昆虫駆除に用いられる。リン化アルミニウムは空気中の湿気で分解して、猛毒のリン化水素 PH_3(ホスフィン)を発生する。空気中の湿気に触れると徐々に分解して有毒なガスを発生するので密閉容器に貯蔵する。使用方法については施行令第 30 条で規定され、使用者についても施行令第 18 条で制限されている。

問 60　ロテノンは酸素によって分解するので、空気と光線を遮断して貯蔵する。

（特定品目）

問 41　3　　**問 42**　4　　**問 43**　1　　**問 44**　2

〔解説〕

問 41　トルエン $C_6H_5CH_3$ は、劇物。無色透明でベンゼン様の臭気がある液体。沸点は 110.6 ℃で、エーテル、アセトンに混和する。用途は爆薬、染料、香料、合成高分子材料などの原料、溶剤、分析用試薬として用いられる。　　**問 42**　一酸化鉛 PbO(別名密陀僧、リサージ)は劇物。赤色～赤黄色結晶。重い粉末で、黄色から赤色の間の様々なものがある。水にはほとんど溶けない。用途はゴムの加硫促進剤、顔料、試薬等。　　**問 43**　過酸化水素 H_2O_2：無色無臭で粘性の少し高い液体。徐々に水と酸素に分解する。酸化力、還元力をもつ。漂白、医薬品、化粧品の製造。　　**問 44**　四塩化炭素(テトラクロロメタン)CCl_4 は、特有な臭気をもつ不燃性、揮発性無色液体、水に溶けにくく有機溶媒には溶けやすい。用途は洗濯剤、清浄剤の製造などに用いられる。

問 45　4　　**問 46**　1　　**問 47**　3　　**問 48**　2

〔解説〕

問 45　アンモニア NH_3 は、常温では無色刺激臭の気体、冷却圧縮すると容易に液化する。水、エタノール、エーテルに可溶。強いアルカリ性を示し、腐食性は大。水溶液は弱アルカリ性を呈する。　　**問 46**　塩素 Cl_2 は劇物。黄緑色の気体で激しい刺激臭がある。冷却すると、黄色溶液を経て黄白色固体。水にわずかに溶ける。沸点-34 .05 ℃。強い酸化力を有する。極めて反応性が強く、水素又はアセチレンと爆発的に反応する。水分の存在下では、各種金属を腐食する。水溶液は酸性を呈する。粘膜接触により、刺激症状を呈する。　　**問 47**　硅弗化ナトリウムは劇物。無色の結晶。水に溶けにくい。アルコールに溶けない。酸と接触すると弗化水素ガス、四弗化硅素ガスを発生する。　　**問 48**　硫酸 H_2SO_4 は、劇物。無色無臭澄明な油状液体、腐食性が強い、比重 1.84、水、アルコールと混和するが発熱する。空気中および有機化合物から水を吸収する力が強い。

問49　2　　**問50**　1　　**問51**　4　　**問52**　3

〔解説〕

問 49　塩素ガスは多量のアルカリに吹き込んだのち、希釈して廃棄するアルカリ法。必要な場合(例えば多量の場合など)にはアルカリ処理法で処理した液に還元剤(例えばチオ硫酸ナトリウム水溶液など)の溶液を加えた後中和する。その後多量の水で希釈して処理する還元法。　**問 50**　水酸化カリウム KOH は、強塩基なので希薄な水溶液として酸で中和後、水で希釈処理する中和法。　**問 51**　クロロホルム $CHCl_3$ は含ハロゲン有機化合物なので廃棄方法はアフターバーナーとスクラバーを具備した焼却炉で焼却する燃焼法。　**問 52**　クロム酸ナトリウムは十水和物が一般に流通。十水和物は黄色結晶で潮解性がある。水に溶けやすい。また、酸化性があるので工業用の酸化剤などに用いられる。廃棄方法は還元沈殿法を用いる。

問53　4　　**問54**　2　　**問55**　3　　**問56**　1

〔解説〕

問 53　クロム酸塩を誤飲すると口腔や食道が侵され赤黄色に変化する。このクロムが皮膚を酸化することでクロムは 3 価になり、緑色に変色する。　**問 54**　硝酸 HNO_3 は無色の発煙性液体。蒸気は眼、呼吸器などの粘膜および皮膚に強い刺激性をもつ。高濃度のものが皮膚に触れるとガスを生じ、初めは白く変色し、次第に深黄色になる(キサントプロテイン反応)。　**問 55**　キシレン $C_6H_4(CH_3)_2$ は、無色透明な液体。水に不溶。毒性は、はじめに短時間の興奮期を経て、深い麻酔状態に陥ることがある。　**問 56**　ホルムアルデヒドを吸引するとその蒸気は鼻、のど、気管支、肺などを激しく刺激し炎症を起こす。

問57　3　　**問58**　4　　**問59**　2　　**問60**　1

〔解説〕

解答のとおり。

※九州全県・沖縄県統一共通においては、毎年８月に行われている試験が台風の影響により、２通りに分かれて試験が実施されました。これに伴い令和元年度は、２つの試験問題作成がされたことで、２つの試験問題を収録いたしました。

九州全県・沖縄県統一共通②〔佐賀県・長崎県・熊本県・大分県・宮崎県・鹿児島県〕

（一般）

問41　2　　問42　4　　問43　3　　問44　1

〔解説〕

問 41　アクリルアミドは無色の結晶。土木工事用の土質安定剤、接着剤、凝集沈殿促進剤などに用いられる。　問 42　水酸化ナトリウム(別名：苛性ソーダ)NaOH は、白色結晶性の固体。水と炭酸を吸収する性質が強い。空気中に放置すると、潮解して徐々に炭酸ソーダの皮層を生ずる。動植物に対して強い腐食性を示す。用途は、染料その他有機合成原料、塗料などの溶剤、燃料、試薬、標本の保存用。　問 43　リン化水素 PH3 は、毒物。別名ホスフィンは腐魚臭様の無色気体。水にわずかに溶ける。酸素及びハロゲンと激しく反応する。用途は半導体工業におけるドーピングガス。　問 44　四アルキル鉛は特定毒物。無色透明な液体。芳香性のある甘味あるにおい。水より重い。水にはほとんど溶けない。用途は、自動車ガソリンのオクタン価向上剤。

問45　4　　問46　2　　問47　1　　問48　3

〔解説〕

問 45　黄リン P_4 は、無色又は白色の蝋様の固体。毒物。別名を白リン。暗所で空気に触れるとリン光を放つ。水、有機溶媒に溶けないが、二硫化炭素には易溶。湿った空気中で発火する。空気に触れると発火しやすいので、水中に沈めてビンに入れ、さらに砂を入れた缶の中に固定し冷暗所で貯蔵する。　問 46　弗化水素 HF は毒物。不燃性の無色液化ガス。激しい刺激性がある。ガスは空気より重い。空気中の水や湿気と作用して白煙を生じる。また、強い腐食性を示す。水にきわめて溶けやすい。用途は、ガラスの目盛り字画、化学分析。銅、鉄、コンクリートまたは木製のタンクにゴム、鉛、ポリ塩化ビニルあるいはポリエチレンのライニングをほどこしたものに貯蔵する。火気厳禁。　問 47　クロロホルム $CHCl_3$ は、無色、揮発性の液体で特有の香気とわずかな甘みをもち。麻酔性がある。空気中で日光により分解し、塩素 Cl_2、塩化水素 HCl、ホスゲン $COCl_2$、四塩化炭素 CCl_4 を生じるので、少量のアルコールを安定剤として入れて冷暗所に保存。　問 48　カリウム K は、劇物。銀白色の光輝があり、ろう様の高度を持つ金属。カリウムは空気中では酸化され、ときに発火することがある。カリウムやナトリウムなどのアルカリ金属は空気中の酸素、湿気、二酸化炭素と反応する為、石油中に保存する。カリウムの炎色反応は赤紫色である。

問49　1　　問50　4　　問51　2　　問52　3

〔解説〕

問 49　クロルピクリン CCl_3NO_2 は、無色～淡黄色液体、催涙性、粘膜刺激臭。水に不溶。少量の界面活性剤を加えた亜硫酸ナトリウムと炭酸ナトリウムの混合溶液中で、攪拌し分解させたあと、多量の水で希釈して処理する。　問 50　硫化カドミウム(カドミウムイエロー)CdS は黄橙色粉末または結晶。水に難溶。熱硝酸、熱濃硫酸に溶ける。用途は顔料。廃棄法は、固化隔離法又は焙焼法である。　問 51　トルエンは可燃性の溶液であるから、これを珪藻土などに付着して、焼却する燃焼法。　問 52　塩化亜鉛 $ZnCl_2$ は水に易溶なので、水に溶かして消石灰などのアルカリで水に溶けにくい水酸化物にして沈殿ろ過して埋立処分する沈殿法。

問53　2　　問54　3　　問55　1　　問56　4

〔解説〕

解答のとおり。

問57　3　　問58　2　　問59　4　　問60　1

〔解説〕

問 57　シュウ酸$(COOH)_2$・$2H_2O$ は無色の柱状結晶、風解性、還元性、漂白剤、鉄さび落とし。無水物は白色粉末。水、アルコールに可溶。エーテルには溶けにくい。また、ベンゼン、クロロホルムにはほとんど溶けない。シュウ酸の中毒症状：血液中のカルシウムを奪取し、神経系を侵す。胃痛、嘔吐、口腔咽喉の炎症、腎臓障害。　問 58　三酸化二砒素 AS_2O_3(別名亜砒酸)は、毒物。無色で、結晶性の物質。200 度に熱すると溶解せずに昇華する。水にわずかに溶けて、亜砒酸を生ずる。苛性アルカリには容易に溶け、亜砒酸のアルカリ塩を生ずる。用途は医薬用、工業用、砒酸塩の原料。殺虫剤、殺鼠剤、除草剤等。吸入した場合は、鼻、のど、気管支等の粘膜を刺激し、頭痛、めまい、悪心、チアノーゼを起こす。はなはだしい場合には血色素尿を排泄し、肺水腫を起こし、呼吸困難を起こす。治療薬は、亜硝酸ナトリウム、チオ硫酸ナトリウム。　問 59　PAP(フェントエート)は、劇物、有機リン製剤で殺虫剤(稲のニカメイチュウ、ツマグロヨコバイなどの駆除)、赤褐色油状、3 %以下は劇物除外。有機リン剤なので解毒は硫酸アトロピンや PAM。有機リン製剤の中毒：コリンエステラーゼを阻害し、頭痛、めまい、嘔吐、言語障害、意識混濁、縮瞳、痙攣など。　問 60　クロルメチル(CH_3Cl)は、劇物。無色のエータル様の臭いと、甘味を有する気体。水にわずかに溶け、圧縮すれば液体となる。空気中で爆発する恐れがあり、濃厚液の取り扱いに注意。クロルメチル、ブロムエチル、ブロムメチル等と同様な作用を有する。したがって、中枢神経麻酔作用がある。処置として新鮮な空気中に引き出し、興奮剤、強心剤等を服用するとよい。

（農業用品目）

問41　4　　問42　1　　問43　2　　問44　3
問45　2　　問46　削除　問47　1　　問48　4

〔解説〕

問41、問45　N-メチル-1-ナフチルカルバメート(NAC)は、:劇物。白色無臭の結晶。水に極めて溶にくい。(摂氏 30 ℃で水 100mL に 12mg 溶ける。)アルカリに不安定。常温では安定。有機溶媒に可溶。廃棄法はそのまま焼却炉で焼却するか、可燃性溶剤とともに焼却炉の火室へ噴霧し焼却する焼却法。又は、水酸化カリウム水溶液等と加温して加水分解するアルカリ法。問 42　カルタップは、劇物。無色の結晶。水、メタノールに溶ける。廃棄法は：そのままあるいは水に溶解して、スクラバーを具備した焼却炉の火室へ噴霧し、焼却する焼却法。問 43、問 47　DDVP は劇物。刺激性があり、比較的揮発性の無色の油状の液体。水に溶けにくい。廃棄方法は木粉(おが屑)等に吸収させてアフターバーナー及びスクラバーを具備した焼却炉で焼却する燃焼法と 10 倍量以上の水と攪拌しながら加熱乾留して加水分解し、冷却後、水酸化ナトリウム等の水溶液で中和するアルカリ法。問 44、問 48　弗化亜鉛は、劇物。四水和物は、白色結晶。水にきわめて溶けにくい。酸、アンモニア水に可溶。廃棄法は、セメントを用いて固化し、埋め立て処分する固化隔離法。

問49　2　　問50　1　　問51　3

〔解説〕

問 49　シアン化第一銅は、毒物。別名シアン化銅、青化第一銅。白色半透明の結晶性粉末。水には溶けない。塩酸、アンモニア水、シアン化カリウム溶液に溶ける。用途は鍍金用。吸入した場合、シアン中毒(頭痛、めまい、悪心、意識不明、呼吸麻痺等)、また皮膚に触れた場合は、皮膚より吸収されシアン中毒を起こす。解毒剤としては、ヒドロキソコバラミンを用いる。　問 50　フェノブカルブ(BPMC)は、劇物。無色透明の液体またはプリズム状結晶で、水にほとんど溶けないが、クロロホルムに溶ける。中毒症状が発現した場合には、至急医師による硫酸アトロピン製剤を用いた適切な解毒手当を受ける。　問 51　パラコートは、毒物で、ジピリジル誘導体で無色結晶、水によく溶け低級アルコールに僅かに溶ける。融点 300 度。金属を腐食する。不揮発性である。除草剤。4 級アンモニウム塩なので強アルカリでは分解。消化器障害、ショックのほか、数日遅れて肝臓、腎臓、肺等の機能障害を起こす。

問 52　4
〔解説〕
硫酸タリウム Tl_2SO_4 は、劇物。白色結晶で、水にやや溶け、熱水に易溶、用途は殺鼠剤。疝痛、嘔吐、振戦、痙攣等の症状に伴い、しだいに呼吸困難となり、虚脱症状となる。解毒剤は、ヘキサシアノ鉄（Ⅱ）酸鉄（Ⅲ）水和物（プルシアンブルー）

問 53　1　　問 54　4　　問 55　3　　問 56　2
〔解説〕
問 53　塩素酸カリウム $KClO_3$ は、無色の結晶。水に可溶、アルコールに溶けにくい。漏えいの際の措置は、飛散したもの還元剤（例えばチオ硫酸ナトリウム等）の水溶液に希硫酸を加えて酸性にし、この中に少量ずつ投入する。反応終了後、反応液を中和し多量の水で希釈して処理する還元法。　　問 54　ピロリン酸亜鉛は、劇物。三水和物は、白色結晶。水に溶けにくい。酸、アルカリに可溶。廃棄法は、セメントを用いて固化し、埋め立て処分する固化隔離法。　　問 55　イソプロカルブは、劇物。1.5 ％を超えて含有する製剤は劇物から除外。白色結晶性の粉末。水に溶けない。アセトン、メタノール、酢酸エチルに溶ける。廃棄法はそのまま焼却炉で焼却する（燃焼法）と水酸化ナトリウム水溶液等と加温して加水分解するアルカリ法がある。　　問 56　塩化銅（Ⅱ）$CuCl_2 \cdot 2H_2O$ は劇物。無水物と二水和物がある。一般に二水和物が流通。二水和物は緑色結晶。潮解性がある。水、エタノール、メタノールに可溶。廃棄方法は、水に溶かし、消石灰、ソーダ灰等の水溶液を加えて処理し、沈殿ろ過して埋立処分する沈殿法。

問 57　4　　問 58　3　　問 59　1　　問 60　2
〔解説〕
問 57　カズサホスは、10 ％を超えて含有する製剤は毒物、10 ％以下を含有する製剤は劇物。硫黄臭のある淡黄色の液体。用途は殺虫剤（野菜等のネコブセンチュウ等の防除に用いられる。）。　　問 58　イミダクロプリドは劇物。弱い特異臭のある無色結晶。水にきわめて溶けにくい。マイクロカプセル製剤の場合、12 ％以下を含有するものは劇物から除外。用途は野菜等のアブラムシ等の殺虫剤（クロロニコチニル系農薬）。　　問 59　ジメチルビンホスは、劇物。微粉末結晶。キシレン、アセトン等によく溶ける。用途は、稲のニカメイチュウ、キャッベツのアオムシ等の殺虫剤として用いられる。　　問 60　ブラストサイジン S は、白色針状結晶、融点 250 ℃以上で徐々に分解。水に可溶、有機溶媒に難溶。pH5 ～ 7 で安定。塩基性抗カビ抗生物質で、稲のイモチ病に用いる。劇物。

（特定品目）

問 41　4　　問 42　3　　問 43　1　　問 44　2
〔解説〕
問 41　水酸化ナトリウム（別名：苛性ソーダ）NaOH は、白色結晶性の固体。水と炭酸を吸収する性質が強い。空気中に放置すると、潮解して徐々に炭酸ソーダの皮層を生ずる。動植物に対して強い腐食性を示す。用途は、染料その他有機合成原料、塗料などの溶剤、燃料、試薬、標本の保存用。　　問 42　塩素 Cl_2 は、常温においては窒息性臭気をもつ黄緑色気体.冷却すると黄色溶液を経て黄白色固体となる。融点はマイナス 100.98 ℃、沸点はマイナス 34 ℃である。用途は酸化剤、紙パルプの漂白剤、殺菌剤、消毒薬。　　問 43　重クロム酸カリウム $K_2Cr_2O_7$ は、橙赤色柱状結晶。水にはよく溶けるが、アルコールには溶けない。用途として強力な酸化剤、焙染剤、製革用、電池調整用、顔料原料、試薬。　　問 44　ホルマリンは無色透明な刺激臭の液体、低温ではパラホルムアルデヒドの生成により白濁または沈殿が生成することがある。用途はフィルムの硬化、樹脂製造原料、試薬・農薬等。１％以下は劇物から除外。

問 45　4　　問 46　1　　問 47　2　　問 48　3
〔解説〕
問 45　トルエン $C_6H_5CH_3$（別名トルオール、メチルベンゼン）は劇物。特有な臭いの無色液体。水に不溶。比重 1 以下。可燃性。蒸気は空気より重い。揮発性有機溶媒。麻酔作用が強い。　　問 46　ケイフッ化ナトリウム $Na_2[SiF_6]$ は無色の結晶。水に溶けにくく、酸により有毒な HF と SiF4 を発生。用途は釉薬、試薬。　　問 47　硫酸モリブデン酸クロム酸鉛（別名モリブデン赤、クロムバーミリオン）は、劇物。橙色又は赤色粉末。水にほとんど溶けない。酸、アルカリに可溶。用途は顔料。　　問 48　四塩化炭素（テトラクロロメタン）CCl_4 は、劇物。揮発性、麻酔性の芳香を有する無色の重い液体。水に溶けにくく有機溶媒には溶けやすい。

強熱によりホスゲンを発生。蒸気は空気より重く、低所に滞留する。溶剤として用いられる。

問49　3　　問50　4　　問51　2　　問52　1

〔解説〕

問 49　塩化水素 HCl は酸性なので、石灰乳などのアルカリで中和した後、水で希釈する中和法。　問 50　重クロム酸塩なので橙赤色で水に易溶だが、重クロム酸アンモニウム $(NH_4)_2Cr_2O_7$ は自己燃焼性がある。廃棄法は希硫酸に溶かし、遊離させ還元剤の水溶液を過剰に用いて還元したのち、消石灰、ソーダ灰等の水溶液で処理し沈殿濾過する還元沈殿法。　問 51　メチルエチルケトン $CH_3COC_2H_5$ は、アセトン様の臭いのある無色液体。引火性。有機溶媒。廃棄方法は、C, H, O のみからなる有機物なので燃焼法。　問 52　一酸化鉛 PbO は、水に難溶性の重金属なので、そのままセメント固化し、埋立処理する固化隔離法。

問53　2　　問54　1　　問55　3　　問56　4

〔解説〕

問 53　クロム酸塩を誤飲すると口腔や食道が侵され赤黄色に変化する。このクロムが皮膚を酸化することでクロムは 3 価になり、緑色に変色する。　問 54　メタノール CH_3OH は特有な臭いの無色液体。水に可溶。可燃性。染料、有機合成原料、溶剤。　メタノールの中毒症状：吸入した場合、めまい、頭痛、吐気など、はなはだしい時は嘔吐、意識不明。中枢神経抑制作用。飲用により視神経障害、失明。　問 55　過酸化水素 H_2O_2：無色無臭で粘性の少し高い液体。徐々に水と酸素に分解する。酸化力、還元力をもつ。皮膚に触れた場合、やけど(腐食性薬傷)を起こす。漂白、医薬品、化粧品の製造。　問 56　シュウ酸 $(COOH)_2 \cdot 2H_2O$ は、劇物(10 %以下は除外)、無色稜柱状結晶。血液中のカルシウムを奪取し、神経系を侵す。胃痛、嘔吐、口腔咽喉の炎症、腎臓障害。

問57　3　　問58　4　　問59　2　　問60　1

〔解説〕

問 57　トルエンが少量漏えいした液は、土砂等に吸着させて空容器に回収する。多量に漏えいした液は、土砂等でその流れを止め、安全な場所に導き、液の表面を泡で覆いできるだけ空容器に回収する　問 58　硝酸が少量漏えいしたとき、漏えいした液は土砂等に吸着させて取り除くか、又はある程度水で徐々に希釈した後、消石灰、ソーダ灰等で中和し、多量の水を用いて洗い流す。また多量に漏えいした液は土砂等でその流れを止め、これに吸着させるか、又は安全な場所に導いて、遠くから徐々に注水してある程度希釈した後、消石灰、ソーダ灰等で中和し多量の水を用いて洗い流す。　問 59　クロロホルム(トリクロロメタン) $CHCl_3$ は、無色、揮発性の液体で特有の香気とわずかな甘みをもち、麻酔性がある。水に不溶、有機溶媒に可溶。比重は水より大きい。揮発性のため風下の人を退避。できるだけ回収したあと、水に不溶なため中性洗剤などを使用して洗浄。

問 60　クロム酸ナトリウムが漏えいしたときは、飛散したものは空容器にできるだけ回収し、そのあとを還元剤（硫酸第一鉄等）の水溶液を散布し、消石灰、ソーダ灰等の水溶液で処理したのち、多量の水を用いて洗い流す。この場合、濃厚な廃液が河川等に排出されないよう注意する。

解答・解説編
〔実地〕

〔実地編〕

【平成 27 年度実施】

（一般）

問 61　3　　問 62　2　　問 63　3　　問 64　1　　問 65　2

〔解説〕

四塩化炭素（テトラクロロメタン）CCl_4 は、特有な臭気をもつ不燃性、揮発性無色液体、水に溶けにくく有機溶媒には溶けやすい。洗濯剤、清浄剤の製造などに用いられる。確認方法はアルコール性 KOH と銅粉末とともに煮沸により黄赤色沈殿を生成する。アニリン $C_6H_5NH_2$ は、新たに蒸留したものは無色透明油状液体、光、空気に触れて赤褐色を呈する。特有な臭気。水には難溶、有機溶媒には可溶。水溶液にさらし粉を加えると紫色を呈する。劇物。硫酸亜鉛 $ZnSO_4 \cdot 7H_2O$ は、硫酸亜鉛の水溶液に塩化バリウムを加えると硫酸バリウムの白色沈殿を生じる。

問 66　1　　問 67　4　　問 68　4　　問 69　1　　問 70　2

〔解説〕

臭素 Br_2 は、劇物。赤褐色・特異臭のある重い液体。比重 3.12（20 ℃）、沸点 58.8 ℃。強い腐食作用があり、揮発性が強い。引火性、燃焼性はない。水、アルコール、エーテルに溶ける。トリクロル酢酸 Cl_3CCOOH の確認は、アルカリと加熱するとクロロホルム $CHCl_3$ 生成。亜硝酸ナトリウム $NaNO_2$ は、劇物。白色または微黄色の結晶性粉末。水に溶けやすい。アルコールにはわずかに溶ける。潮解性がある。空気中では徐々に酸化する。硝酸銀の中性溶液で白色の沈殿を生ずる。

（農業用品目）

問 61　2　　問 62　1　　問 63　3　　問 64　4

〔解説〕

問 61　硫酸第二銅の水溶液に、過剰のアンモニア水を加えると濃青色となる。また、①硝酸バリウム水溶液を加えると白色の硫酸バリウムを生じる。$CuSO_4 + Ba(NO_3)_2 \rightarrow Cu(NO_3)_2 + BaSO_4$（硫 酸バリウム、白色沈殿）、②水に溶かして硫化水素を加えると、黒色の沈殿を生ずる。$CuSO_4 + H_2S \rightarrow H_2SO_4 + CuS$（硫 化銅、黒色沈殿）　**問 62**　アンモニア水は、アンモニア NH_3 が気化し易いので、濃塩酸を近づけると塩化アンモニウムの白い煙を生じる。$NH_3 + HCl \rightarrow NH_4Cl$　**問 63**　ニコチンは、毒物、無色無臭の油状液体だが空気中で褐色になる。殺虫剤。ニコチンの確認：1）ニコチン＋ヨウ素エーテル溶液→褐色液状→赤色針状結晶　2）ニコチン＋ホルマリン＋濃硝酸→バラ色。　**問 64**　クロルピクリン CCl_3NO_2 の確認方法：CCl_3NO_2 ＋金属 Ca ＋ベタナフチルアミン＋硫酸→赤色

問 65　3　　問 66　2　　問 67　1　　問 68　3　　問 69　1　　問 70　2

〔解説〕

カズサホスは、10 ％を超えて含有する製剤は毒物、10 ％以下を含有する製剤は劇物。硫黄臭のある淡黄色の液体。用途は殺虫剤。イミダクロプリドは劇物。弱い特異臭のある無色結晶。マイクロカプセル製剤の場合、12 ％以下を含有するものは劇物から除外。用途は野菜等のアブラムシ等の殺虫剤（クロロニコチニル系農薬）。ジクワットは、劇物で、ジピリジル誘導体で淡黄色結晶、水に溶ける。腐食性を有する。土壌等に強く吸着されて不活性化する性質がある。除草剤。硫酸タリウム Tl_2SO_4 は、劇物。白色結晶で、水にやや溶け、熱水に易溶、用途は殺鼠剤。硫酸タリウム 0.3 ％以下を含有し、黒色に着色され、かつ、トウガラシエキスを用いて著しくからく着味されているものは劇物から除外。

（特定品目）

問61　4　　問62　1　　問63　2　　問64　3　　問65　2

〔解説〕　解答のとおり。

問66　4　　問67　2　　問68　3　　問69　2　　問70　1

〔解説〕

水酸化カリウム水溶液＋酒石酸水溶液→白色結晶性沈澱（酒石酸カリウムの生成）。不燃性であるが、アルミニウム、鉄、すず等の金属を腐食し、水素ガスを発生。これと混合して引火爆発する。水溶液を白金線につけガスバーナーに入れると、炎が紫色に変化する。ホルマリンはホルムアルデヒドHCHOの水溶液。フクシン亜硫酸はアルデヒドと反応して赤紫色になる。アンモニア水を加えて、硝酸銀溶液を加えると、徐々に金属銀を析出する。またフェーリング溶液とともに熱すると、赤色の沈殿を生ずる。硝酸HNO_3は純品なものは無色透明で、徐々に淡黄色に変化する。特有の臭気があり腐食性が高い。うすめた水溶液に銅屑を加えて熱すると、藍色を呈して溶け、その際赤褐色の蒸気を発生する。藍（青）色を呈して溶ける。

【平成28年度実施】

(一般)

〔解説〕　**問61**　3　**問62**　4　**問63**　3　**問64**　2　**問65**　1

ピクリン酸($C_6H_2(NO_2)_3OH$)は、淡黄色の針状結晶で、温飽和水溶液にシアン化カリウム水溶液を加えると、暗赤色を呈する。水酸化ナトリウム NaOH は Na があるので炎色反応で黄色。無機錫塩類は各種合金の原料として使用される。炭の上に小さな孔をつくり、脱水炭酸ソーダの粉末とともに試料を吹管炎で熱灼すると、白色の粒状となる。これに硝酸を加えても溶けない。

問66　4　**問67**　1　**問68**　1　**問69**　3　**問70**　2

〔解説〕

ベタナフトールは劇物。無色の光沢のある小葉状結晶あるいは白色の結晶性粉末。水には溶けにくい。アルコール、エーテル、クロロホルムには良く溶ける。熱湯にはやや溶けやすい。鑑別法；1)水溶液にアンモニア水を加えると、紫色の蛍石彩をはなつ。　2)水溶液に塩素水を加えると白濁し、これに過剰のアンモニア水を加えると澄明となり、液は最初緑色を呈し、のち褐色に変化する。

黄リン P_4 は、無色又は白色の蝋様の固体。毒物。別名を白リン。暗所で空気に触れるとリン光を放つ。水、有機溶媒に溶けないが、二硫化炭素には易溶。黄燐は、ミッチェルリッヒ法：暗室内で酒石酸あるいは硫酸酸性下で水蒸気蒸留すると冷却器または流出管の内部で青白色のリン光を発生する。

メタノール(メチルアルコール)CH_3OH は、劇物。(別名：木精)無色透明。揮発性の可燃性液体である。沸点 64.7℃。蒸気は空気より重く引火しやすい。水とよく混和する。触媒量の濃硫酸存在下にサリチル酸と加熱するとエステル化が起こり、芳香をもつサリチル酸メチルを生じる($CH_3OH + C_6H_4(OH)COOH \rightarrow C_6H_4(OH)COOCH_3 + H_2O$)。

(農業用品目)

問61　1　**問62**　3　**問63**　4　**問64**　2

〔解説〕

問61　塩化亜鉛の水溶液に硝酸銀を加えると、塩化銀の白色沈殿を生じる。**問62**　燐化アルミニウムは発生したガスの検知法としては、5～10％硝酸銀溶液を濾紙に吸着させたものをもって検定し。濾紙が黒変することにより、その存在を知ることができる。　**問63**　塩素酸カリウム(KCl)は、無色の結晶。水に可溶。アルコールに溶けにくい。熱すると分解して酸素を放出し、自らは塩化物に変化する。これに塩酸を加え加熱すると塩素ガスを発生する。　**問64**　硫酸 H_2SO_4 は無色の粘張性のある液体。強力な酸化力をもち、また水を吸収しやすい。水を吸収するとき発熱する。木片に触れるとそれを炭化して黒変させる。また、銅片を加えて熱すると、無水亜硫酸を発生する。硫酸の希釈液に塩化バリウムを加えると白色の硫酸バリウムが生じるが、これは塩酸や硝酸に溶解しない。

問65　1　**問66**　3　**問67**　4　**問68**　3　**問69**　4　**問70**　1

〔解説〕

解答のとおり。

(特定品目)

問61　2　**問62**　3　**問63**　1　**問64**　4　**問65**　3

〔解説〕　解　答のとおり。

問66　1　**問67**　4　**問68**　2　**問69**　1　**問70**　3

〔解説〕　解　答のとおり。

【平成 29 年度実施】

（一般）

問 61　3　　問 62　2
問 63　2　　問 64　1　　問 65　4

〔解説〕

硝酸 HNO_3 は純品なものは無色透明で、徐々に淡黄色に変化する。特有の臭気があり腐食性が高い。うすめた水溶液に銅屑を加えて熱すると、藍色を呈して溶け、その際赤褐色の蒸気を発生する。藍(青)色を呈して溶ける。セレン Se は毒物。灰色の金属光沢を有するペレットまたは黒色の粉末。水に不溶。鑑別法は炭の上に小さな孔をつくり、脱水炭酸ナトリウムの粉末とともに試料を吹管炎で熱灼すると、特有のニラ臭を出し、冷えると赤色のかたまりとなる。これは濃硫酸に緑色に溶ける。酸化第二水銀(HgO_2)は毒物。赤色又は黄色の粉末。製法によって色が異なる。小さな試験管に入れ熱すると、黒色にかわり、その後分解し水銀を残す。更に熱すると揮散する。用途は塗料、試薬。

問 66　1　　問 67　4
問 68　1　　問 69　3　　問 70　2

〔解説〕

三硫化燐($P4S_3$)は毒物。斜方晶系針状結晶の黄色又は淡黄色または結晶性の粉末。火炎に接すると容易に引火し、沸騰水により徐々に分解して、硫化水素を発生し、燐酸を生ずる。マッチの製造に用いられる。クロルピクリン CCl_3NO_2(別名トリクロロニトロメタン)は、無色～淡黄色液体で揮発性のある強い刺激臭と催涙性を有する。熱には比較的不安定で、180 ℃以上に熱すると分解するが、引火性はない。酸、アルカリには安定である。金属腐食性が大きい。アルコール溶液にジメチルアニリン及びブルシンを加えて溶解し、これにブロムシアン溶液を加えると、緑色ないし赤紫色を呈した。塩素酸ナトリウム $NaClO_3$ は、劇物。炭の中にいれ熱灼すると音をたてて分解する。

（農業用品目）

問 61　4　　問 62　1　　問 63　2　　問 64　3

〔解説〕

問 61　無機銅塩類水溶液に水酸化ナトリウム溶液で冷時青色の水酸化第二銅を沈殿する。　**問 62**　クロルピクリン CCl_3NO_2 の確認方法：CCl_3NO_2 ＋金属 Ca ＋ベタナフチルアミン＋硫酸→赤色　**問 63**　硫酸第二銅の水溶液に、過剰のアンモニア水を加えると濃青色となる。また、①硝酸バリウム水溶液を加えると白色の硫酸バリウムを生じる。$CuSO_4 + Ba(NO_3)_2 \rightarrow Cu(NO_3)_2 + BaSO_4$(硫 酸バリウム、白色沈殿)、②水に溶かして硫化水素を加えると、黒色の沈殿を生ずる。$CuSO_4 + H_2S \rightarrow H_2SO_4 + CuS$(硫 化銅、黒色沈殿)　**問 64**　ニコチンの確認：1)ニコチン＋ヨウ素エーテル溶液→褐色液状→赤色針状結晶　2)ニコチン＋ホルマリン＋濃硝酸→バラ色。

問 65　2　　問 66　1　　問 67　4
問 68　3　　問 69　4　　問 70　2

〔解説〕

イミダクロプリドは劇物。弱い特異臭のある無色結晶。水にきわめて溶けにくい。マイクロカプセル製剤の場合、12 ％以下を含有するものは劇物から除外。DDVP(ジクロルボス)は有機リン製剤で接触性殺虫剤。無色油状液体、水に溶けにくく、有機溶媒に易溶。水中では徐々に分解。アルカリで急激に分解すると発熱するので、分解させるときは希薄な消石灰等の水溶液を用いる。リン化亜鉛 Zn_3P_2 は、灰褐色の結晶又は粉末。かすかにリンの臭気がある。ベンゼン、二硫化炭素に溶ける。酸と反応して有毒なホスフィン PH3 を発生。塩素酸カリウム $KClO_3$ は劇物。無色の単斜晶系板状の結晶。水に溶ける。熱すると酸素を発生して、塩化カリこれに塩酸を加えて熱すると、塩素を発生する。強酸と作用し発火又は爆発、アンモニウム塩と混ぜると爆発する恐れがあるので接触させない。

（特定品目）

問 61　4　　問 62　1　　問 63　2
問 64　1　　問 65　4

〔解説〕

アンモニア水は無色透明、刺激臭がある液体。アルカリ性を呈する。アンモニア NH_3 は空気より軽い気体。濃塩酸を近づけると塩化アンモニウムの白い煙を生じる。$NH_3 + HCl \rightarrow NH_4Cl$　　ホルマリンはホルムアルデヒド HCHO の水溶液。フクシン亜硫酸はアルデヒドと反応して赤紫色になる。アンモニア水を加えて、硝酸銀溶液を加えると、徐々に金属銀を析出する。またフェーリング溶液とともに熱すると、赤色の沈殿を生ずる。塩酸は塩化水素 HCl の水溶液。無色透明の液体 25 %以上のものは、湿った空気中で著しく発煙し、刺激臭がある。塩酸は種々の金属を溶解し、水素を発生する。硝酸銀溶液を加えると、塩化銀の白い沈殿を生じる。

問 66　3　　問 67　1　　問 68　2
問 69　4　　問 70　3

〔解説〕

硝酸 HNO_3 は純品なものは無色透明で、徐々に淡黄色に変化する。特有の臭気があり腐食性が高い。うすめた水溶液に銅屑を加えて熱すると、藍色を呈して溶け、その際赤褐色の蒸気を発生する。藍(青)色を呈して溶ける。羽毛のような有機質を硝酸の中に浸し、特にアンモニア水でこれをうるおすと橙黄色になる。メタノール CH_3OH(別名木精、メチルアルコール)は特有な臭いの無色液体。水に可溶。可燃性(引火しやすいので火気は絶対に近づけない)。あらかじめ熱灼した酸化銅を加えると、ホルムアルデヒドができ、酸化銅は還元されて金属銅色を呈する。キシレン $C_6H_4(CH_3)_2$ は劇物。無色透明の液体で芳香族炭化水素特有の臭いを有する。蒸気は空気より重い。水に不溶、有機溶媒に可溶である。

【平成30年度実施】

（一般）

問61　2　　問62　3
問63　1　　問64　3　　問65　2

〔解説〕

塩素酸ナトリウム$NaClO_3$は、劇物。潮解性があり、空気中の水分を吸収する。また強い酸化剤である。炭の中にいれ熱灼すると音をたてて分解する。

ニコチンは、毒物。アルカロイドであり、純品は無色、無臭の油状液体であるが、空気中では速やかに褐変する。水、アルコール、エーテル等に容易に溶ける。ニコチンの確認：1)ニコチン＋ヨウ素エーテル溶液→褐色液状→赤色針状結晶 2)ニコチン＋ホルマリン＋濃硝酸→バラ色。

酸化カドミウム CdO は、劇物。赤褐色の粉末。水に溶けない。酸に易溶。アンモニア水、アンモニア塩類水溶液に可溶。アルコール溶液に、水酸化カリウム溶液と少量のアニリンを加えて熱すると、不快な刺激性の臭気を放つ。

問66　4　　問67　3
問68　3　　問69　2　　問70　1

〔解説〕

クロム酸ナトリウム($Na_2CrO_4 \cdot 10H_2O$)(別名クロム酸ソーダ)は劇物。水溶液は硝酸バリウムまたは塩化バリウムで、黄色のクロム酸のバリウム化合物を沈殿する。用途は試薬等。

ブロム水素酸(別名臭化水素酸)は劇物。無色透明あるいは淡黄色の刺激性の臭気がある液体。確認法は硝酸銀溶液を加えると、淡黄色のブロム銀を沈殿を生ずる。

ピクリン酸($C_6H_2(NO_2)_3OH$)は、淡黄色の針状結晶で、温飽和水溶液にシアン化カリウム水溶液を加えると、暗赤色を呈する。

（農業用品目）

問61　4　　問62　1
問63　2　　問64　3　　問65　1

〔解説〕

硫酸第二銅の水溶液に、過剰のアンモニア水を加えると濃青色となる。また、①硝酸バリウム水溶液を加えると白色の硫酸バリウムを生じる。$CuSO_4 + Ba(NO_3)_2 \rightarrow Cu(NO_3)_2 + BaSO_4$(硫 酸バリウム、白色沈殿)、②水に溶かして硫化水素を加えると、黒色の沈殿を生ずる。$CuSO_4 + H_2S \rightarrow H_2SO_4 + CuS$(硫 化銅、黒色沈殿)

塩化亜鉛 ZnCl2 は、白色の結晶で、空気に触れると水分を吸収して潮解する。水およびアルコールによく溶ける。水に溶かし、硝酸銀を加えると、白色の沈殿が生じる。

塩素酸カリウム$KClO_3$は白色固体。加熱により分解し酸素発生 $2KClO_3 \rightarrow 2KCl + 3O_2$　マッチの製造、酸化剤。熱すると酸素を発生して、塩化カリとなり、これに塩酸を加えて熱すると、塩素を発生する。水溶液に酒石酸を多量に加えると、白色の結晶性の物質を生ずる。

問66　3

〔解説〕

AlP の確認方法：湿気により発生するホスフィン PH3 により硝酸銀中の銀イオンが還元され銀になる($Ag^+ \rightarrow Ag$)ため黒変する。

問67　4

〔解説〕

モノフルオール酢酸ナトリウム FCH_2COONa は、特毒。重い白色粉末。からい味と酢酸の臭いとを有する。吸湿性、冷水に易溶、メタノールやエタノールに可溶。野ネズミの駆除に使用。

問68　2

〔解説〕

ジクワットは、劇物で、ジピリジル誘導体で淡黄色結晶、水に溶ける。中性又は酸性で安定、アルカリ溶液でうすめる場合には、２～３時間以上貯蔵できない。腐食性を有する。土壌等に強く吸着されて不活性化する性質がある。用途は、除草剤。

問 69　1
〔解説〕
硫酸タリウムについては、法第 13 条→施行令第 39 条→施行規則第 12 条において、着色すべき農業用劇物としてあせにくい黒色と規定されている。

問 70　1
〔解説〕
ダイアジノンは、劇物で純品は無色の液体。有機燐系。水に溶けにくい。有機溶媒に可溶。廃棄方法：燃焼法　廃棄方法はおが屑等に吸収させてアフターバーナー及びスクラバーを具備した焼却炉で焼却する。(燃焼法)

（特定品目）

問 61　4　　問 62　2　　問 63　3
問 64　1　　問 65　2
〔解説〕
シュウ酸は無色の結晶で、水溶液を酢酸で弱酸性にして酢酸カルシウムを加えると、結晶性の沈殿を生ずる。水溶液は過マンガン酸カリウム溶液を退色する。水溶液をアンモニア水で弱アルカリ性にして塩化カルシウムを加えると、蓚酸カルシウムの白色の沈殿を生ずる。
ホルマリンはホルムアルデヒド HCHO の水溶液。フクシン亜硫酸はアルデヒドと反応して赤紫色になる。アンモニア水を加えて、硝酸銀溶液を加えると、徐々に金属銀を析出する。またフェーリング溶液とともに熱すると、赤色の沈殿を生ずる。
重クロム酸ナトリウム $Na_2Cr_2O_7$ は、やや潮解性の赤橙色結晶、酸化剤。水に易溶。有機溶媒には不溶。潮解性があるので、密封して乾燥した場所に貯蔵する。また、可燃物と混合しないように注意する。

問 66　3　　問 67　1　　問 68　2
問 69　4　　問 70　2
〔解説〕
塩酸は塩化水素 HCl の水溶液。無色透明の液体 25 %以上のものは、湿った空気中で著しく発煙し、刺激臭がある。塩酸は種々の金属を溶解し、水素を発生する。硝酸銀溶液を加えると、塩化銀の白い沈殿を生じる。
酸化水銀(Ⅱ)HgO は、別名酸化第二水銀、鮮赤色ないし橙赤色の無臭の結晶性粉末のものと橙黄色ないし黄色の無臭の粉末とがある。水にほとんど溶けず、希塩酸、硝酸、シアン化アルカリ溶液に溶ける。毒物(5 %以下は劇物)。遮光保存。強熱すると有害な煙霧及びガスを発生。
メタノール CH_3OH は特有な臭いの無色透明な揮発性の液体。水に可溶。可燃性。あらかじめ熱灼した酸化銅を加えると、ホルムアルデヒドができ、酸化銅は還元されて金属銅色を呈する。

【令和元年度実施】

※九州全県・沖縄県統一共通においては、毎年８月に行われている試験が台風の影響により、２通りに分かれて試験が実施されました。これに伴い令和元年度は、２つの試験問題作成がされたことで、２つの試験問題を収録いたしました。

九州全県・沖縄県統一共通①〔福岡県・沖縄県〕

（一般）

問 61　2　　問 62　3
問 63　1　　問 64　4　　問 65　3

〔解説〕

問 61、問 63　アニリン $C_6H_5NH_2$ は、新たに蒸留したものは無色透明油状液体、光、空気に触れて赤褐色を呈する。特有な臭気。水には難溶、有機溶媒には可溶。水溶液にさらし粉を加えると紫色を呈する。劇物。　**問 62、問 64**　塩素酸カリウム $KClO_3$ は白色固体。加熱により分解し酸素発生 $2KClO_3 \rightarrow 2KCl + 3O_2$　マッチの製造、酸化剤。熱すると酸素を発生して、塩化カリとなり、これに塩酸を加えて熱すると、塩素を発生する。水溶液に酒石酸を多量に加えると、白色の結晶性の物質を生ずる。　**問 65**　沃化水素酸は、劇物。無色の液体。ヨード水素の水溶液に硝酸銀溶液を加えると、淡黄色の沃化銀の沈殿を生じる。この沈殿はアンモニア水にはわずかに溶け、硝酸には溶けない。用途は工業用の還元剤。

問 66　4　　問 67　1
問 68　3　　問 69　2　　問 70　1

〔解説〕

問 66、問 68　メチルスルホナールは、劇物。無色の葉状結晶。臭気がない。水に可溶。木炭とともに熱すると、メルカプタンの臭気をはなつ。**問 67、問 69**　ホルムアルデヒド HCHO は、無色刺激臭の気体で水に良く溶け、これをホルマリンという。ホルマリンは無色透明な刺激臭の液体、低温ではパラホルムアルデヒドの生成により白濁または沈澱が生成することがある。水、アルコール、エーテルと混和する。アンモニ水を加えて強アルカリ性とし、水浴上で蒸発すると、水に溶解しにくい白色、無晶形の物質を残す。フェーリング溶液とともに熱すると、赤色の沈殿を生ずる。**問 70**　硫酸第二銅、五水和物白色濃い藍色の結晶で、水に溶けやすく、水溶液は青色リトマス紙を赤変させる。水に溶かし硝酸バリウムを加えると、白色の沈殿を生じる。

（農業用品目）

問 61　3　　問 62　4　　問 63　1　　問 64　2

〔解説〕

問 61　アンモニア水は無色透明、刺激臭がある液体。アルカリ性を呈する。アンモニア NH_3 は空気より軽い気体。濃塩酸を近づけると塩化アンモニウムの白い煙を生じる。$NH_3 + HCl \rightarrow NH_4Cl$　**問 62**　塩素酸ナトリウム NaClO3 は、劇物。潮解性があり、空気中の水分を吸収する。また強い酸化剤である。炭の中にいれ熱灼すると音をたてて分解する。　**問 63**　クロルピクリン CCl_3NO_2 の確認：1) CCl_3NO_2 ＋金属 Ca ＋ベタナフチルアミン＋硫酸→赤色沈殿。2)　CCl_3NO_2 アルコール溶液＋ジメチルアニリン＋ブルシン＋ BrCN →緑ないし赤紫色。　**問 64**　硫酸亜鉛 $ZnSO_4 \cdot 7H_2O$ は、硫酸亜鉛の水溶液に塩化バリウムを加えると硫酸バリウムの白色沈殿を生じる。

問 65　3　　問 66　2　　問 67　4
問 68　3　　問 69　2　　問 70　4

〔解説〕

問 65　フェントエートは、劇物。赤褐色、油状の液体で、芳香性刺激臭を有し、水、プロピレングリコールに溶けない。リグロインにやや溶け、アルコール、エーテル、ベンゼンに溶ける。有機燐系の殺虫剤。**問 66、問 68**　ジメトエートは、劇物。有機リン製剤であり、白色の固体で、融点は 51 ～ 52 度。キシレン、ベンゼン、メタノール、アセトン、エーテル、クロロホルムに可溶。水溶液は室温で徐々に加水分解し、アルカリ溶液中ではすみやかに加水分解する。太陽光線には安定で熱に対する安定性は低い。用途は殺虫剤。**問 67、問 69**　ダイファシノンは、黄色の結晶性粉末である。アセトン、酢酸に溶け、ベンゼンにわずかに溶ける。水にはほとんど溶けない。殺鼠剤として用いられる。**問 70**　パラコートは、毒物で、ジピリジル誘導体で無色結晶、水によく溶け低級アルコールに僅かに溶ける。融点 300 度。金属を腐食する。不揮発性である。除草剤。

（特定品目）

問 61　4　　**問 62**　2　　**問 63**　1
問 64　1　　**問 65**　4

〔解説〕

解答のとおり。

問 66　3　　**問 67**　1　　**問 68**　2
問 69　4　　**問 70**　2

〔解説〕

問 66、問 69　四塩化炭素（テトラクロロメタン）CCl_4 は、特有な臭気をもつ不燃性、揮発性無色液体、水に溶けにくく有機溶媒には溶けやすい。洗濯剤、清浄剤の製造などに用いられる。確認方法はアルコール性 KOH と銅粉末とともに煮沸により黄赤色沈殿を生成する。**問 67、問 70**　ホルマリンはホルムアルデヒド HCHO の水溶液。フクシン亜硫酸はアルデヒドと反応して赤紫色になる。アンモニア水を加えて、硝酸銀溶液を加えると、徐々に金属銀を析出する。またフェーリング溶液とともに熱すると、赤色の沈殿を生ずる。**問 68**　一酸化鉛 PbO（別名リサージ）は劇物。赤色～赤黄色結晶。重い粉末で、黄色から赤色の間の様々なものがある。水にはほとんど溶けないが、酸、アルカリにはよく溶ける。

※九州全県・沖縄県統一共通においては、毎年８月に行われている試験が台風の影響により、２通りに分かれて試験が実施されました。これに伴い令和元年度は、２つの試験問題作成がされたことで、２つの試験問題を収録いたしました。

九州全県・沖縄県統一共通②〔佐賀県・長崎県・熊本県・大分県・宮崎県・鹿児島県〕

（一般）

問 61　3　　問 62　1
問 63　2　　問 64　3　　問 65　1

〔解説〕

問 61、問 63　四塩化炭素（テトラクロロメタン）CCl_4 は、特有な臭気をもつ不燃性、揮発性無色液体、水に溶けにくく有機溶媒には溶けやすい。洗濯剤、清浄剤の製造などに用いられる。確認方法はアルコール性 KOH と銅粉末とともに煮沸により黄赤色沈殿を生成する。**問 62、問 64**　メタノール CH_3OH は特有な臭いの無色透明な揮発性の液体。水に可溶。可燃性。あらかじめ熱灼した酸化銅を加えると、ホルムアルデヒドができ、酸化銅は還元されて金属銅色を呈する。**問 65**　過酸化水素 H_2O_2 は、無色無臭で粘性の少し高い液体。徐々に水と酸素に分解（光、金属により加速）する。安定剤として酸を加える。　ヨード亜鉛からヨウ素を析出する。

問 66　1　　問 67　4
問 68　4　　問 69　3　　問 70　1

〔解説〕

問 66、問 68　フェノール C_6H_5OH は、無色の針状晶あるいは結晶性の塊りで特異な臭気があり、空気中で酸化され赤色になる。確認反応は $FeCl_3$ 水溶液により紫色になる（フェノール性水酸基の確認）。**問 67、問 69**　三硫化燐（P_4S_3）は毒物。斜方晶系針状結晶の黄色又は淡黄色または結晶性の粉末。火炎に接すると容易に引火し、沸騰水により徐々に分解して、硫化水素を発生し、燐酸を生ずる。マッチの製造に用いられる。**問 70**　硝酸銀 $AgNO_3$ は、劇物。無色結晶。水に溶して塩酸を加えると、白色の塩化銀を沈殿する。その硫酸と銅屑を加えて熱すると、赤褐色の蒸気を発生する。

（農業用品目）

問 61　4　　問 62　1　　問 63　2

〔解説〕

問 61　チアクロプリドは、劇物。無臭の黄色粉末結晶。用途は、シンクイムシ類等に対する農薬。　**問 62**　ベンダイオカルは毒物。カルバメート剤。白色結晶状粉末。水には 40ppm 溶ける。用途は、農薬殺虫剤。　**問 63**　アンモニア NH_3 は、常温では無色刺激臭の気体、冷却圧縮すると容易に液化する。水、エタノール、エーテルに可溶。強いアルカリ性を示し、腐食性は大。水溶液は弱アルカリ性を呈する。化学工業原料（硝酸、窒素肥料の原料）、冷媒。

問 64　1　　問 65　2　　問 66　3

〔解説〕

問 64　メタアルデヒドは、劇物。白色粉末結晶。アルデヒド臭。強酸化剤と接触又は混合すると激しい反応が起こる。用途は、殺虫剤。　**問 65**　エチルチオメトンは、毒物。無色～淡黄色の特異臭（硫黄化合物特有）のある液体。水にほとんど溶けない。有機溶媒に溶けやすい。アルカリ性で加水分解する。　**問 66**　カルボスルファンは、劇物。有機燐製剤の一種。褐色粘稠液体。用途はカーバメイト系殺虫剤。

問 67　4　　問 68　3　　問 69　1　　問 70　2

〔解説〕

問 67　酢酸第二銅は、劇物。一般には一水和物が流通。暗緑色結晶。240 ℃で分解して酸化銅（Ⅱ）になる。水にやや溶けやすい。エタノールに可溶。用途は、触媒、染料、試薬。　**問 68**　塩素酸コバルトは、劇物。暗赤色結晶。用途は、焙染剤、試薬等に用いられる。　**問 69**　ニコチンは、毒物、無色無臭の油状液体だが空気中で褐色になる。殺虫剤。ニコチンの確認：1)ニコチン＋ヨウ素エーテル溶液→褐色液状→赤色針状結晶　2)ニコチン＋ホルマリン＋濃硝酸→バラ色。

問 70　硝酸亜鉛 $Zn(NO_3)_2$：白色固体、潮解性。水にきわめて溶けやすい。水に溶かした水酸化ナトリウム水溶液を加えると、白色のゲル状の沈殿を生ずる。

（特定品目）

問 61　4　　**問 62**　1　　**問 63**　2
問 64　1　　**問 65**　4

〔解説〕

問 61、問 64　酸化第二水銀(HgO_2)は毒物。赤色又は黄色の粉末。製法によって色が異なる。小さな試験管に入れ熱すると、黒色にかわり、その後分解し水銀を残す。更に熱すると揮散する。用途は塗料、試薬。**問 62、問 65**　アンモニア水は無色透明、刺激臭がある液体。アルカリ性を呈する。アンモニア NH_3 は空気より軽い気体。濃塩酸を近づけると塩化アンモニウムの白い煙を生じる。NH_3 ＋ HCl → NH_4Cl　**問 63**　酢酸エチル $CH_3COOC_2H_5$ は、無色果実臭の可燃性液体で、溶剤として用いられる。

問 66　2　　**問 67**　1　　**問 68**　3
問 69　4　　**問 70**　2

〔解説〕

問 66、問 69　ホルムアルデヒド HCHO は、無色刺激臭の気体で水に良く溶け、これをホルマリンという。ホルマリンは無色透明な刺激臭の液体、低温ではパラホルムアルデヒドの生成により白濁または沈澱が生成することがある。水、アルコール、エーテルと混和する。アンモニ水を加えて強アルカリ性とし、水浴上で蒸発すると、水に溶解しにくい白色、無晶形の物質を残す。フェーリング溶液とともに熱すると、赤色の沈殿を生ずる。**問 67、問 70**　塩酸は塩化水素 HCl の水溶液。無色透明の液体 25 %以上のものは、湿った空気中で著しく発煙し、刺激臭がある。塩酸は種々の金属を溶解し、水素を発生する。硝酸銀溶液を加えると、塩化銀の白い沈殿を生じる。　**問 68**　水酸化ナトリウム(別名：苛性ソーダ)NaOH は、白色結晶性の固体。水と炭酸を吸収する性質が強い。空気中に放置すると、潮解して徐々に炭酸ソーダの皮層を生ずる。動植物に対して強い腐食性を示す。

毒物劇物試験問題集〔九州・沖縄統一版〕過去問
令和２(2020)年度版
ISBN978-4-89647-269-1　C3043　￥1800E

令和２年(2020年) ２月27日発行　　定価 1,800円＋税

編　集　　毒物劇物安全性研究会

発　行　　薬務公報社

〒166-0003　東京都杉並区高円寺南2-7-1拓都ビル
電話　03(3315)3821
ＦＡＸ　03(5377)7275